Edizioni PensareDiverso
Cenacolo Jung Pauli

Bruno Del Medico
Ilustrado por Elisabetta Del Medico.

Todas as cores do emaranhamento quântico.

Do mito da caverna de Platão, à sincronicidade de Carl Jung, ao universo holográfico de David Bohm.
A física quântica rejeita o materialismo e revela o componente espiritual do universo.

Resumo do livro

Introdução

O livro está dividido em três partes. Na primeira parte (As intuições), o autor trata das hipóteses mais relevantes sobre a realidade ilusória do mundo perceptível. A existência de um nível de consciência que transcende a matéria foi imaginada pelos grandes pensadores. Encontramos essa ideia no Mito da Caverna de Platão, na "Teoria Imaterialística" de Berkeley, em "Psicologia da Forma" (Gestaltpsychologie). A fonte mais confiável encontra-se nas obras sobre o inconsciente coletivo e na teoria da sincronicidade de Carl Jung.

Na segunda parte (Confirmações), o autor descreve de forma elementar, mas detalhada, o caminho da física quântica, desde o experimento de dupla fenda de Thomas Young até os fenômenos da sobreposição de estados e correlação quântica. Por meio dessas chaves privilegiadas é possível entender o emaranhamento quântico. Na terceira parte (Perspectivas), o autor descreve as teorias desenvolvidas por David Bohm sobre o "potencial quântico" no "universo implicado e explicado". e na visão holográfica do cosmos. Tudo é explicado com absoluta simplicidade, sem o uso de fórmulas matemáticas e com o auxílio de muitas ilustrações.

A humanidade, desde os seus primórdios, quis investigar a origem e composição das coisas, para descobrir o seu funcionamento e a sua finalidade íntima.

O método universalmente usado é quebrar objetos em partes cada vez menores e, em seguida, analisá-los com todas as técnicas possíveis, da investigação visual às reações químicas. Isso ainda acontece hoje. Por exemplo, se um cientista deseja descobrir a estrutura química e física de um cubo de granito, ele o quebrará em pedaços cada vez menores até que seja dividido em átomos individuais.

No entanto, se o próprio cientista quiser investigar as partículas individuais que compõem o átomo, ele recebe uma surpresa incrível. O cubo de granito se comporta como um cubo de gelo. O cientista vê a matéria que se transforma em névoa, evapora, desaparece entre seus dedos. A matéria sólida se torna energia que vibra.

As partículas individuais se transformam em ondas flutuantes sem nenhuma corporeidade sólida.

No nível subatômico, a matéria não é mais matéria sólida, torna-se algo diferente.

Partículas elementares nos enganam. Parecem partículas sólidas se alguém as observar, mas se comportam como ondas vibratórias quando não são observadas.

Os átomos praticamente contêm apenas vácuo.

Na superfície, acreditamos que podemos tocar, pesar, manipular e medir a matéria. Mas, em sua composição mais íntima, a matéria se torna uma ondulação de vazio, energia, informação, onda ou vibração. O que nos parece matéria sólida, em sua essência mais íntima, não é mais matéria sólida.

Nesse ponto, está claro que não podemos mais falar de uma única realidade. Dependendo dos níveis de observação, do extremamente pequeno ao infinitamente grande, existem muitas realidades, todas diferentes, mas todas absolutamente verdadeiras.

Ou, talvez, haja muitos aspectos de uma realidade superior, ainda desconhecida. Todas as filosofias e religiões sempre criaram a hipótese de uma "zona do espírito" que transcende a matéria; ninguém, entretanto, jamais foi capaz de fornecer evidências de sua existência. Hoje a física quântica está abrindo uma enorme janela para horizontes que, até o século passado, não poderíamos ter imaginado. As confirmações vêm de experimentos realizados com sucesso, principalmente aqueles relacionados ao fenômeno do emaranhamento quântico.

Hoje sabemos que existe um nível de realidade que não está mais sujeito às restrições da física newtoniana. A física da matéria não é mais suficiente para descrever o universo.

A física quântica demonstra a existência de um nível em que a energia e a informação assumem o controle da matéria. Este é o chamado nível "não local". Poderíamos definir um nível psíquico ou espiritual. Neste nível, uma Inteligência universal interage com a humanidade. As vias de comunicação com o universo inteligente passam pelo inconsciente coletivo que foi teorizado por Carl Jung.

As sincronicidades junguianas nos guiam em um projeto de evolução cultural. É um projeto do qual estamos começando a tomar consciência.

Primeira parte. As idéias.

Fenômenos inexplicáveis

De acordo com alguns textos renomados da técnica aeronáutica, o hornet não pode voar devido à forma e peso do corpo em relação à superfície das asas.
Mas o hornet não sabe e, portanto, continua a voar.

(Igor Ivanovich Sikorsky, pioneiro da aviação russa)

O Guinness Book of Records contém muitas curiosidades. Entre essas notícias incomuns, há uma realmente especial. Este é o ranking relativo a pares de gêmeos nascidos em momentos diferentes. O Guiness lista os pares de gêmeos que nascem a uma distância maior do tempo.

Ao contrário do que se possa imaginar, esse intervalo não consiste em horas ou dias, mas até meses. Por exemplo, em 2000, Sandra Beveridge, de West Lothian, um condado da Escócia, deu à luz gêmeos com 28 dias de diferença. Peggy Lynn, uma senhora da Pensilvânia, foi ainda melhor. Em 1995, Peggy deu à luz gêmeos nascidos com 84 dias de diferença. No entanto, o registro atual pertence a Maria Jones-Elliot, que em 2013, na Irlanda, deu à luz Amy e somente depois de 87 dias deu à luz a gêmea Katie.

Os médicos especificam que estes são casos muito raros. Esses casos ocorrem apenas quando os gêmeos são criados em sacos placentários separados.

Gêmeos relacionados ao quantum

Há um aspecto interessante, que me convenceu a mencionar a primazia do nascimento tardio de gêmeos. É o fato de que o livro "The Guinness Book of Recods" nasceu da caneta de dois autores. Os nomes deles eram Ross e Norris McWhirter, e eles também eram gêmeos. Esses dois gêmeos, além de serem os autores do livro, foram os protagonistas de um evento "impossível".

Atualmente, o Guinness é o terceiro livro mais vendido no mundo, depois da Bíblia e do Corão. Este livro representa o desenvolvimento prático de uma idéia nascida de maneira completamente aleatória, durante uma caçada que ocorreu em 4 de maio de 1951.

Figura 1 - Os autores gêmeos Norris (à esquerda) e Ross McWhirter (à direita) da primeira edição do "The Guinness Book of Recods". Os dois foram protagonistas de um incrível caso de comunicação extra-sensorial.

Um dos participantes da caçada foi Sir Hugh Beaver, diretor administrativo das cervejarias Guinness em Dublin.

Ele não conseguiu acertar algumas tarambolas de ouro. Os pássaros eram mais rápidos que sua arma e fugiram com grande velocidade assim que sentiram a presença do caçador.

Esse inconveniente deu origem a um debate entre Sir Beaver e os outros caçadores, para estabelecer qual era o pássaro mais rápido.

Nos dias seguintes, Sir Beaver, que evidentemente não estava muito ocupado com o papel de administrador, continuou meditando sobre o problema. No final, ele chegou à conclusão de que muitos, como ele, se interessariam em saber não apenas qual era o pássaro mais rápido, mas todos os outros tipos de excelência em diferentes performances. Ele, portanto, decidiu criar um livro onde todos pudessem acessar esse tipo de informação.

O conteúdo do livro era para ser uma coleção de registros nas várias atividades. Como resultado, Sir Beaver pediu ajuda de dois especialistas em atletismo, os irmãos Ross e Norris McWhirter e os encarregou de escrever o livro.

O livro foi publicado pela primeira vez em 27 de agosto de 1955, com a assinatura dos dois irmãos. O título era "The Guinness Book of Recods". O livro teve imediatamente esse sucesso retumbante que continua até hoje. (Fig.1).

Obviamente, os autores se tornaram conhecidos, então os eventos de suas vidas são muito bem documentados e testemunhados.

Os gêmeos Ross e Norris McWhirter

Ross e Norris nasceram em 12 de agosto de 1925 por William McWhirter, editor da Sunda Pictorial e por Margaret Williamson. Em 1950, ambos se tornaram jornalistas esportivos. Um amigo deles, o corredor Christopher Chataway, estava empregado na cervejaria Guinness. Quando Christopher soube que o administrador Hugh Beaver estava procurando pessoas competentes para fazer um livro sobre registros, ele recomendou os gêmeos. Os dois receberam imediatamente a tarefa.

Na década de 1960, Ross tornou-se ativista político do Partido Conservador. Independentemente dos tempos difíceis, ele apoiou muitas leis restritivas promulgadas pela Grã-Bretanha contra a população irlandesa.

Ele até promoveu uma recompensa de 50.000 libras para quem forneceu informações úteis para a prisão de uma célula do IRA (Exército Republicano Irlandês). Naquela época, o IRA estava cometendo muitos ataques em Londres. O IRA considerava Ross McWhirter um inimigo direto.

Em 27 de novembro de 1975, dois membros do IRA emboscaram o jornalista. Eles esperaram por ele quando ele voltou para casa, às 18h45 e dispararam dois tiros contra ele com um revólver .357.

Ao mesmo tempo em que Ross foi morto, o gêmeo Norris estava a cerca de 48 quilômetros de distância e conversava com algumas pessoas. De repente, às 18h45, ele agarrou a cabeça nas mãos, como se estivesse estourando. Para a surpresa dos presentes, ele quase perdeu os sentidos.

As pessoas presentes testemunharam o fato. O testemunho é documentado pelo estudioso Guy Lyon Playfair em seu livro "Twin Telepathy":

> "No começo da noite de 27 de novembro de 1975, o escritor e personagem de televisão Ross McWhirter foi baleado na cabeça e no peito por dois homens armados enquanto ele estava parado na porta de sua casa, no norte de Londres. Ele foi hospitalizado, mas foi declarado morto logo após a chegada. Recebi uma conta de uma testemunha ocular que estava com Norris McWhirter. Norris teve uma reação dramática, quase como se uma bala invisível o tivesse atingido. "

Este não é o único caso de um gêmeo que, estando a uma grande distância, reage a eventos envolvendo o outro gêmeo.

Figura 2 - Thelma Morgan, viscondessa Furness (à direita) com sua irmã gêmea Gloria. Enquanto Thelma, no Reino Unido, sofria das dores de um parto prematuro, sua irmã Gloria, em Nova York, experimentou as mesmas dores.

Viscondessa Thelma Furness

Thelma Morgan, nascida na Suíça em 23 de agosto de 1904, era filha de Harry Hays Morgan, diplomata americano que atuou como cônsul americano em Buenos Aires e Bruxelas. Ela foi trazida ao mundo por Laura Delphine Kilpatrick, juntamente com sua irmã gêmea Gloria. (Fig.2).

Laura Delphine era sobrinha de um general da União e, através de sua avó materna, era descendente da casa real espanhola de Navarra.

Portanto, as irmãs gêmeas tinham todas as credenciais para assistir à melhor sociedade da época. Thelma tornou-se amante do príncipe de Gales, o futuro rei Eduardo VIII. Portanto, ele precedeu Wallis Simpson nas graças do rei. Mais tarde, por causa de Wallis, Edward abdicou e se tornou duque de Windsor. Durante seu relacionamento com o príncipe Edward em 1929, Thelma se casou com o visconde Marmaduke Furness.

O casamento não durou muito, mas permitiu que ela se gabasse por toda a vida do título de viscondessa Furness. Durante o curto casamento, Thelma deu à luz William Anthony.

A irmã gêmea de Thelma, Gloria, casou-se com Reginald Claypoole Vanderbilt.

Apesar das vidas diversas e movimentadas, as duas irmãs mantinham um forte vínculo psíquico. Esse vínculo se manifestou de uma maneira retumbante quando Thelma, grávida de William, teve que enfrentar um parto prematuro enquanto estava em Melton Mowbray, no Reino Unido.

Naquela época, sua irmã Gloria estava do outro lado do oceano, em Nova York, então ela não tinha consciência do nascimento prematuro. No entanto, simultaneamente com o que estava acontecendo com sua gêmea, Gloria experimentou fortes dores abdominais, como se ela mesma estivesse dando à luz. Gloria foi prontamente ajudada, mas nunca foi possível estabelecer a origem de suas dores. Solo más tarde fue posible vincular los dolores de Gloria con el nacimiento de Thelma que ocurrió simultáneamente.

Gloria misteriosamente percebeu a dificuldade pela qual Thelma estava passando e participou como se ela fosse uma com ela. A união não era apenas psíquica, mas também física.

Queria mencionar dois casos bem conhecidos, nos quais há testemunhos abundantes e seguros. Esses casos confirmam que alguns pares de gêmeos, em virtude de um vínculo misterioso estabelecido pelo nascimento comum, podem compartilhar sensações físicas de uma maneira que contradiz todas as leis elementares da física. Isso é mais evidente se considerarmos a distância dos gêmeos quando os fatos ocorrem.

A notoriedade e os testemunhos desses casos tornam difícil sustentar que essas são histórias inventadas. Esses episódios estão tão bem documentados que também são mencionados no site da CICAP (Italian Committee for the Control of Claims on Pseudo-sciences).

Essa associação assumiu a missão de contestar qualquer reivindicação relacionada a fenômenos extra-sensoriais. No entanto, o CICAP cataloga os casos descritos como "coincidências sensoriais" e os define "casos decididamente sensacionais".

Na realidade, as histórias desses gêmeos mostram uma grande correspondência com alguns aspectos típicos das partículas subatômicas. A física quântica mostrou que duas partículas correlacionadas, unidas por condições particulares (normalmente o nascimento de um evento comum), adquirem a capacidade de permanecer "conscientemente" conectadas a qualquer distância, como se fossem uma única partícula. Falaremos sobre isso na segunda parte do livro.

Matéria, apenas matéria, nada além de matéria

"Materialistas e tolos nunca têm dúvidas."
(Gilbert Keith Chesterton)

De acordo com a ciência atual, há coisas que podem ser e outras que não podem ser.

A primeira são todas as coisas que podem ser pesadas, medidas e reproduzidas em laboratório. Entre essas coisas, também entendemos os efeitos relacionados, como magnetismo e gravidade.

Todos os outros casos, começando com fenômenos extra-sensoriais, são resultado de ilusão ou superstição, e seus apoiadores são mistificadores ou, na melhor das hipóteses, sofrem de transtornos mentais e devem ser submetidos a tratamento médico. Para apoiar esta tese, buscam-se explicações absurdas que beira o ridículo. De qualquer forma, a existência desses fenômenos é negada antecipadamente.

É preciso dizer que o fórum científico repousa essa atitude em bases aparentemente sólidas, ou seja, nas leis físicas conhecidas. Essas leis foram afirmadas e consolidadas há alguns séculos. Essas são as leis que nós mesmos podemos verificar observando o mundo ao nosso redor. Vou tentar resumir brevemente as teorias materialistas.

Monismo e reducionismo materialista

O conceito de monismo é muito antigo, remonta ao século V aC, especificamente à filosofia de Parmênides. O termo real de monismo foi usado em 1734 pelo filósofo alemão Christian Wolff que, em seu trabalho "Psicologia racional", define "monistas" como aqueles que "admitem um único tipo de substância".

O monismo se distingue do dualismo ou pluralismo, segundo o qual o todo é atribuível a dois ou mais tipos de substâncias. Alguns dualismos típicos são mente / matéria ou mente / corpo.

A ciência materialista reduz toda a realidade a um único tipo de substância, a matéria. Ao mesmo tempo, o materialismo exclui qualquer presença psíquica ou espiritual. Somente tudo o que é físico é real. A mente, o pensamento, a consciência são apenas o resíduo de processos químicos que ocorrem no cérebro.

Aliás, especificamos que não há apenas monismo materialista; por exemplo, há também um monismo chamado idealista. Isso é chamado de "mentalismo" e afirma exatamente o contrário: apenas o aspecto mental é real.

Ambas as posições não são corrigidas à luz de descobertas recentes na física quântica, como veremos mais adiante neste livro. De fato, ambos negam que exista um universo no qual matéria e psique (ou espírito) colaborem harmoniosamente em um grande projeto criativo.

Determinismo e causalidade

De acordo com esses princípios, o universo é uma máquina mecânica. Tudo está estabelecido, tudo está determinado. Cada evento, cada mudança de um objeto é funcional para sua posição, sua velocidade inicial e as forças materiais presentes.

Uma semente absorve nutrientes do solo e produz uma muda. A semente empurra a muda em direção ao topo com uma certa força. Se a força é suficiente, a muda rompe a crosta do solo e emerge; caso contrário, ele morre no subsolo. Assim que um virguilto emerge, a força que vem das raízes permite que ele suba. Nesse ponto, ele pode competir com as plantas vizinhas absorvendo a luz solar e a chuva. Tudo funciona como um relógio, a planta cresce por uma série de mecanismos, dos quais a planta não está absolutamente consciente.

Se eu atirar uma pedra, isso seguirá um caminho determinado pelo peso e pela força com que a joguei. Se a pedra atinge um objeto, ele dá ao objeto afetado um aumento proporcional à energia possuída. Nunca acontecerá que uma pedra se jogue de si mesma, ou que um objeto se mova, se não for solicitado por outro.

Portanto, toda ação é causada por outra ação. Toda ação herda força da ação que a causou e distribui força para as ações subseqüentes.

Isso é muito útil para a ciência atual, pois permite determinar a posição de cada objeto no universo a qualquer momento e prever o comportamento de máquinas e equipamentos industriais. As máquinas, se receberem as energias apropriadas, podem executar funções precisas até o milésimo de milímetro para obter os resultados desejados.

René Descartes dividiu a realidade no dualismo mente-matéria, antecipando assim o conceito de determinismo, que exclui a necessidade de uma mente. O conceito de exclusão da mente em favor da singularidade da matéria foi então desenvolvido por Isaac Newton e Pierre Laplace, em seu livro sobre mecânica celeste. (Mécanique céleste, 1805).

Este foi o primeiro livro a não mencionar Deus como a causa da criação. O próprio imperador Napoleão ficou surpreso e perguntou a Laplace: "Por que você não mencionou Deus em sua obra?" Laplace respondeu "É uma hipótese de que não precisava".

A causalidade nega absolutamente a possibilidade de um projeto criativo do qual o homem participa.

A inteligência humana é um subproduto inútil da matéria. Tudo funciona muito bem sem a necessidade de qualquer tipo de inteligência.

A continuidade e a flecha do tempo

A afirmação da ciência é que todo evento é causado por outro evento. Por sua vez, todo evento causa outros. Isso implica o conceito de que todas as mudanças e toda a dinâmica do universo se seguem continuamente, sem nenhuma pausa, em um carrossel que começou com o Big Bang e nunca terminará. Além disso, toda essa evolução contínua ocorre em apenas uma direção, de acordo com a seta do tempo que prossegue apenas para a frente.

Chamamos "seta do tempo" de um fenômeno que faz com que um sistema físico possa evoluir de um estado inicial para um estado posterior, em um determinado momento, mas nunca pode retornar ao estado inicial.

A realidade como a percebemos é chamada de realidade do nível macroscópico. Nesse nível, estamos sujeitos à lei da entropia. Esta lei diz que a desordem só pode aumentar com o tempo. Portanto, se você quebrar um copo, certamente poderá quebrar cada peça ainda mais. No entanto, esqueça que as diferentes peças são reconectadas para formar o vidro saudável novamente.

Curiosamente, podemos ver que isso é verdade apenas no nível macroscópico. Em vez disso, no nível microscópico, quase todos os processos físicos são simétricos. Ou seja, as equações que os descrevem mostram que funcionariam muito bem tanto para a frente quanto para trás no tempo.

Estranhamente, de acordo com o princípio da causalidade, a ciência é capaz de prever exatamente o comportamento do universo que nos rodeia. No entanto, ao mesmo tempo, a ciência nega que possamos saber antecipadamente o que acontecerá a seguir em nossas vidas pessoais. Assim, a ciência rejeita a existência dos fenômenos da premonição. Ou seja, a ciência afirma prever o futuro para o universo, mas nega a possibilidade de prever o futuro para o indivíduo.

O conceito de "localidade física"

Todos os fenômenos e seus efeitos são localizados apenas, ou seja, ocorrem em uma porção precisa do espaço. Além disso, eles se propagam com uma velocidade e tempo que podem ser medidos com precisão.

Uma ação à distância entre dois objetos sem a mediação de uma "força física" que os conecta é impossível. É necessário que "algo" una os dois objetos pelo espaço que os separa em um determinado período de tempo. Essa força diminui de acordo com o comprimento do caminho.

Objetos materiais têm uma velocidade limite de cerca de 300.000 quilômetros por segundo. Nada pode superar essa velocidade. Isso determina, por exemplo, que as comunicações entre os satélites espaciais e a superfície do planeta podem demorar muito.

Se ocorrer uma erupção na superfície do Sol, podemos vê-la somente após oito minutos. Este é o tempo que a luz da explosão leva para viajar para a Terra. Então, se você olhar para o Sol, saiba que esse é o Sol oito minutos atrás; Enquanto isso, o sol pode ter explodido, mas só saberemos depois de oito minutos.

Esse recurso evita que uma determinada ação executada em um local tenha efeitos contemporâneos em outro local.

Portanto, para dar um exemplo espacial, podemos assumir que, se um asteróide louco escapar da Nuvem de Oort e apontar diretamente para o planeta Terra, teremos pelo menos alguns anos para desenvolver estratégias defensivas.

Nesse sentido, a ciência aceitou com entusiasmo a confirmação de Einstein, segundo a qual o conceito de localidade permanece válido mesmo no contexto da teoria da relatividade.

Felizmente, a velocidade do limite de luz impede que a fuga do asteróide coincida com um impacto imediato no nosso planeta.

No nível macroscópico, ou seja, nas dimensões do universo, as leis físicas conhecidas impedem que isso aconteça. Até a nossa vida cotidiana ocorre em um nível macroscópico. As leis locais garantem que, se, no âmbito de uma disputa familiar, o cônjuge joga um prato contra nós, temos tempo para agir antes de sermos atingidos.

Como veremos, no nível subatômico, em vez disso, a "lei da não localidade" se aplica. Nesse nível, a placa nos atingia no mesmo instante em que é lançada, qualquer que seja a nossa distância.

Objetividade

O mundo material é absolutamente independente do pensamento humano, isto é, da consciência. A consciência não tem peso ou massa e, portanto, não pode fazer um objeto se mover à distância, como uma bola de bilhar. Nenhuma elaboração da consciência pode modificar ou influenciar a matéria.

No entanto, existem situações, no nível subatômico, em que o observador, com sua vontade e, portanto, com sua consciência, determina a realidade. Com seu método de observação, o observador pode estabelecer a natureza de um objeto subatômico, ou seja, ele pode determinar se esse objeto é uma onda ou uma partícula. Além disso, o observador pode determinar o comportamento do objeto. Assim, no nível subatômico, estamos vendo uma objetividade ao contrário. Verificaremos esse aspecto no capítulo dedicado ao experimento de fenda dupla.

Sintomas ilusórios

Novamente, de acordo com os defensores do materialismo, tudo o que não é material é um sintoma colateral da matéria.

Consciência, pensamento, sentimentos, amor ou piedade são manifestações acessórias, "espúrias" da matéria, e sua presença ou ausência não afeta o desempenho de fenômenos reais. Os fenômenos podem existir apenas se estiverem fisicamente relacionados ao assunto em si. Espiritualidade e todas as elaborações mentais são produtos residuais dos processos químicos que ocorrem na matéria cerebral.

Sim, no entanto, o teorema da completude de Gödel ...

Tanta segurança científica é imediatamente questionada pela própria ciência. Kurt Friedrich Gödel era um matemático, lógico e filósofo americano naturalizado, mais conhecido por seu trabalho sobre a incompletude das teorias matemáticas.

O teorema que leva seu nome basicamente diz uma coisa. Qualquer sistema algorítmico usado para testar um princípio matemático acaba sendo incompleto ou contraditório, pois certamente conterá uma parte que não pode ser provada.

Isso acontece quando o algoritmo é processado suficientemente.

Provavelmente o matemático que elaborou uma proposição sem dúvida reconhecerá sua validade, no entanto, a lógica algorítmica do sistema será incapaz de prová-la.

As leis físicas também são matemáticas. Portanto, eles são baseados em algoritmos matemáticos que inevitavelmente contêm uma parte logicamente improvável, que, no entanto, funciona.

Isso significa que, quando um matemático elabora um algoritmo, ele sai do sistema lógico para capturar uma verdade matemática que transcende o contexto em que o procedimento lógico e a demonstração são válidos.

Essa verdade já existe, mas não pode ser "enjaulada" na fórmula. A realidade é percebida e usada instintivamente, sem poder torná-la "sistemática"

Portanto, se as leis da física orientam o comportamento da matéria, deve-se reconhecer que elas contêm elementos que existem a priori, que transcendem o mundo material.

Essa idéia é chamada de "platonismo matemático", pois Platão já havia entendido que o comportamento do mundo material está sujeito a símbolos matemáticos que não pertencem ao processo lógico, mas ao mundo arquetípico.

Mente e cérebro

O universo não passa de um amontoado de matéria, ou tem sua própria consciência, como as culturas mais antigas sempre afirmaram?

Nossa consciência é um subproduto da química cerebral ou vem da consciência universal?

A teoria de muitas culturas é que a "consciência universal" é a fonte da qual toda a criação flui. Tudo está vivo e tudo é um.

Essa concepção que podemos definir como mística foi negada e rejeitada pela cultura científica dos últimos séculos. É uma cultura que se desenvolveu nobre no Iluminismo, mas depois se corrompeu no materialismo.

Atualmente, a maioria dos círculos científicos acredita que a mente é apenas uma criação do cérebro. o homem seria apenas uma máquina que, como efeito secundário, adquiriu a capacidade de processar pensamentos e sentimentos. Se tivéssemos máquinas capazes de analisar o cérebro em profundidade, poderíamos estabelecer com certeza que reação química gera em nós o sentimento de ter uma alma, de amar nossa mãe ou de acreditar na existência da vida eterna.

A esperança do materialismo é que um dia possa ser desenvolvido um "detergente para o cérebro" que iniba a formação dessas reações químicas problemáticas, libertando a humanidade de toda superstição.

Assim, a ciência considera o fenômeno da vida a partir de baixo, ou seja, da matéria como a base primária. A matéria é agregada em moléculas e células, que evoluem e crescem na escala evolutiva sob a orientação de um DNA nascido espontaneamente do caso.

O DNA gerado pelo acaso gera aleatoriamente o cérebro. No cérebro, estímulos eletroquímicos geram as disposições que fazem a máquina corporal funcionar. Como produto secundário, o cérebro também gera sonhos, sentimentos, emoções, criatividade e tudo o que chamamos de atividade da mente.

Por outro lado, todas as grandes tradições espirituais consideram o fenômeno da vida começando do topo. Em primeiro lugar, existe uma consciência universal da qual tudo emana, antes de tudo a vida.

Em toda forma de vida, a consciência universal continua presente, e toda forma de vida tem sua própria consciência individual. A consciência individual é um fragmento da consciência universal. Toda criação emana da consciência universal, incluindo a matéria. A matéria também é permeada pela consciência universal. Graças a isso, o material é harmoniosamente combinado de acordo com um projeto que não conhece absolutamente o caso

O mito da caverna

Podemos perdoar uma criança quando ela tem medo do escuro. A verdadeira tragédia da vida é quando um homem tem medo da luz.
(Plato)

Como é feita uma cadeira?

empre houve uma corrente cultural que, através das várias disciplinas do pensamento, da filosofia à espiritualidade e à ciência moderna, apoiou a natureza ilusória da realidade em que vivemos. Teorias dos mais diversos gêneros foram criadas. No poema "Sobre a natureza", Parmênides afirma que a multiplicidade e as mudanças do mundo físico são ilusórias. Como veremos, Platão na "República" propõe o famoso mito da caverna. Mais tarde, George Berkeley argumentará que temos a sensação de que as coisas realmente existem, mas, na realidade, as coisas são apenas abstrações. Segundo Berkeley, não há objetos corporais, apenas coleções de idéias.

Até algumas décadas atrás, essas eram consideradas teorias curiosas e totalmente imaginativas. Atualmente, a física quântica mostrou que essas são idéias absolutamente dotadas de sua própria dignidade. De fato, em nosso nível macroscópico, examinamos "coisas" e as consideramos concretas. No entanto, "coisas" mudam completamente de aparência se as examinarmos infinitamente pequenas.

Uma cadeira parece-nos sem dúvida um objeto sólido. A mesma cadeira, examinada no nível dos átomos e das partículas subatômicas que a compõem, torna-se um conjunto de vibrações espalhadas em um imenso vazio.

Toda matéria, examinada em sua composição subatômica, tem essas características. Tudo o que parece tangível, ponderável e mensurável é apenas em função do que é percebido pelos nossos sentidos. Portanto, os sentidos nos mostram um cosmo ilusório e imaginário. Deve ser assim para nos permitir viver, nos mover, operar no ambiente que nos rodeia. Isso não impede que todas as coisas sejam uma ilusão gigantesca dimensionada em nossa fisicalidade. Na prática, moramos em uma casa de bonecas com todos os móveis feitos sob medida de acordo com nossas necessidades.

Fora da casa, tudo é muito diferente. Como o protagonista de uma famosa tragédia de Shakespeare diz: "Há mais coisas no céu e na terra, Horácio, do que sua filosofia imagina". (Hamlet, ato I, cena V).

De acordo com alguns experimentos surpreendentes, tudo o que percebemos como "realidade", incluindo nosso próprio corpo, poderia ser o resultado das interações que ocorrem entre nossa consciência e a luz, a química, a eletricidade e os estímulos de qualquer natureza percebidos por nossa mente. sentidos.

Na prática, vivemos uma visão da realidade que nos rodeia completamente reformulada por nossa consciência. Sabemos muito pouco sobre essa realidade, como ela realmente é feita.

Então, o que é realmente a realidade? Se nos referirmos ao que podemos tocar, cheirar, provar ou ver, estamos em um caminho falso. Todas essas "sensações" são apenas sinais químicos, elétricos ou outros. Nossos sentidos percebem esses sinais e os enviam para o cérebro. O cérebro então constrói uma imagem de acordo com procedimentos pouco conhecidos.

Se olharmos para uma árvore à nossa frente, a visão percebe sua forma e a envia para o cérebro. A imagem da árvore é construída no cérebro, que atribui as cores, aromas, substâncias e outras características à forma da árvore. Além da mediação dos sentidos, não sabemos como a árvore é feita, nem quais são suas cores, nem sabemos se, na realidade, ela é colorida.

Platão e a busca pelo conhecimento

Platão era um filósofo grego antigo. Juntamente com seu professor Sócrates e seu aluno Aristóteles, ele lançou as bases do pensamento filosófico ocidental. (Fig. 3) Ele nasceu em Atenas com pais aristocráticos: seu pai Aristone teve entre seus ancestrais o último rei de Atenas, Codro, enquanto se diz que sua mãe, Perictione, descendia do legislador Solone.

Seu pai deu a ele o nome de Aristocles, seu professor de ginástica. O próprio Aristocles deu a ele o apelido de Platão, tanto pela largura dos ombros quanto para impedir que o aluno tivesse o mesmo nome que o professor.

Figura 3 - Platão (Atenas, 428/427 aC - Atenas, 348/347 aC), era um filósofo grego antigo. Em "Timeu", Platão discute a relação entre o mundo da natureza e o mundo das idéias.

Segundo Apolodoro de Atenas, Platão nasceu no início da 88ª Olimpíada, no sétimo dia do mês de Targellione, ou seja, no final de maio de 428 aC. Platão teve dois irmãos, Adimanto e Glaucone, mencionados em sua obra "Repubblica". Ele também tinha uma irmã mais velha, com o curioso nome de Potone.

Speusippo, filho de Potone, elogiou a inteligência e a memória prodigiosa mostrada por Platão quando criança.

Platão participou de três expedições militares, durante a guerra do Peloponeso, em Tanagra, Corinto e Delio.

Depois de conhecer Sócrates, Platão destruiu todas as suas composições poéticas e dedicou-se completamente à filosofia.

O encontro com Sócrates foi fundamental. Platão foi particularmente afetado pelo fato de seu professor ter sido acusado de impiedade e corrupção de jovens pelo governo democrático ateniense. Sócrates foi condenado à morte em 399 aC.

Após o desaparecimento de Sócrates, seus discípulos, incluindo Platão, deixaram Atenas para se refugiar em Megara.

A partir de 395 aC Platão começou a escrever os primeiros "diálogos". Nestes escritos, ele aborda o problema cultural representado pela figura de Sócrates e sua condenação injusta. Platão critica amargamente a função dos sofistas. Os sofistas eram "mestres da virtude" que se pagavam para conceder seus ensinamentos, por isso eram chamados de "prostitutas da cultura".

Em 387 aC Platão retornou a Atenas; e comprou um parque dedicado ao Academo. Nesse parque, ele fundou uma escola que ele chamou de Academia.

A Academia teve suas raízes na ciência e no método de ensino específico chamado dialética. O ensino ocorreu por meio de debates, nos quais os próprios alunos participaram, dirigidos por Platão ou pelos alunos mais velhos. Às vezes, eram realizadas na Academia conferências de pessoas ilustres que passavam por Atenas. Platão morreu em 347 aC

Filosofia platônica

Segundo Platão, o ser humano é composto de duas partes. A primeira parte consiste em um corpo irremediavelmente ligado ao mundo sensível. Portanto, a primeira parte segue o mesmo destino de tudo que pertence a este mundo, como plantas e animais.

A segunda parte do ser humano é a alma, composta de consciência e razão. Esta parte não é feita de matéria e, portanto, é imortal, porque não pode cair na dissolução.

Platão afirma a existência do mundo das idéias. Este mundo existe como o mundo das coisas materiais. O mundo das idéias é o lugar privilegiado para a existência da alma e pode ser observado pelo homem através da razão.

As almas aguardam no mundo das idéias, à espera de residir em um corpo, e o perfeito conhecimento das idéias amadurece nessa expectativa. Quando, no entanto, as almas descem para um corpo, elas esquecem esse conhecimento, ou melhor, retêm apenas uma fraca lembrança dele. Portanto, toda forma de aprendizado que se desenvolve na vida humana não é uma nova aquisição de informações, mas um processo de reminiscência de coisas já conhecidas, mesmo que esquecidas.

A base conceitual da filosofia de Platão é desenvolvida em vários diálogos, como Menone, Fedro e Teeteto. Nesses trabalhos, ele nega que a busca pelo conhecimento seja impossível, como afirmam os Eristi em suas suposições, resumidas da seguinte forma:

- Se você não souber o que está procurando, se o encontrar, não o reconhecerá como o objetivo de sua pesquisa.

- Se você já sabe o que está procurando, sua pesquisa não faz sentido.

Platão resolve o problema opondo sua filosofia de Idéias a essas suposições. O objetivo da pesquisa é apenas parcialmente desconhecido, porque a alma de todo homem contempla as idéias originais antes do nascimento, mas depois as esquece. Conseqüentemente, o objetivo da busca do homem é o conhecimento que já está presente nele, mesmo que esquecido.

O mito da caverna

Para Platão, as Idéias são perfeitas e imutáveis e preexistem no que diz respeito ao corpo; portanto, elas não podem derivar dos sentidos (visão, audição, olfato etc.) que são instrumentos imperfeitos do corpo. Para explicar esse conceito, ele usa o mito da caverna. Este é um local de prisão para homens forçados a olhar para uma realidade enganosa, as sombras refletidas na parede dos fundos. As imagens reais são encontradas fora da caverna, à luz do sol, isto é, à luz da razão e do conhecimento não mediados pelos sentidos; infelizmente, os prisioneiros não sabem.

Platão propõe este que é o mais famoso de seus mitos no livro VII de sua obra "Repubblica" e o expõe através de um diálogo entre Sócrates e o discípulo Glaucone.

> - E agora, Glaucone, Imagina homens que vivem numa espécie de morada subterrânea, em forma de caverna, que possui uma entrada que se abre em toda a largura da caverna para a luz; no interior dessa morada eles estão, desde a infância, acorrentados pelas pernas e pelo pescoço, de modo a ficarem imobilizados no mesmo lugar, só vendo o que se passa na sua frente, incapazes, em virtude das cadeias, de virar a cabeça. Quanto à luz, ela lhes vem de u fogo aceso numa elevação ao longe, atrás deles. Ora, entre esse fogo e os prisioneiros, imagina um caminho elevado ao longo do qual se ergue um pequeno muro, semelhante ao tabique que os exibidores de fantoches colocam à sua frente e por cima dos quais exibem seus fantoches ao público.
>
> – Estou vendo, disse.
>
> – Figura, agora, ao longo desse pequeno muro e ultrapassando-o, homens que transportam objetos de todos os tipos como estatuetas de homens ou animais de pedra, de madeira, modelados em todos os tipos de matéria; dentre esses condutores, naturalmente, existem aqueles que falam e aqueles que se calam.

– Fazes de tudo isso uma estranha descrição, disse, e teus prisioneiros são muito estranhos!

– É a nós que eles se assemelham, retruquei. Com efeito, podes crer que homens em sua situação tenham anteriormente visto algo de si e dos outros, afora as sombras que o fogo projeta na parede situada à sua frente?

–Evidentemente!

–Se, portanto, conseguissem conversar entre si, não achas que tomariam por objetos reais as sombras que avistassem?

–Forçosamente.

–E se, por outro lado, houvesse eco na prisão, proveniente da parede que lhes é fronteira, não achas que, cada vez que falassem um daqueles que passam ao longo do pequeno muro, eles poderiam julgar que os sons proviriam das sombras projetadas?

–Não, por Zeus, disse ele.

–Portanto, prossegui, o homens que estão nesta condição só poderão ter por verdadeiro as sombras projetadas pelos objetos fabricados.

–É inteiramente necessário.

–Considera agora o que naturalmente lhes sobreviria se fossem libertos das cadeias e da ilusão em que se encontram. Se um desses homens fosse libertado e imediatamente forçado a se levantar, a voltar o pescoço, a caminhar, a olhar para a luz; ao

fazer tudo isso ele sofreria e, em virtude do ofuscamento, não poderia distinguir os objetos cujas sombras visualizara até então. Que achas que ele responderia se lhe fosse dito que tudo quanto vira até então até então não passara de quimeras, mas que, presentemente, mas perto da realidade e voltado para objetos mais reais, estaria vendo de maneira mais justa? E se, ao se

> lhe designar cada um dos objetos que passam ao longo do muro, fosse forçado a responder às perguntas que se lhe fizesse sobre o que é cada um deles, não achas que ele se perturbaria? Não achas que ele consideraria mais verdadeiras as coisas que vira outrora do que aquelas que agora lhen eram designadas?

O mito da caverna representa uma analogia perfeita entre a condição dos prisioneiros e a nossa condição. Analisando o simbolismo do mito, podemos estabelecer alguns paralelos:

- Prisioneiros acorrentados nos representam.
- O interior da caverna é nosso mundo empírico, ou seja, o mundo cotidiano de nossa experiência.
- As correntes que nos aprisionam são os sentidos. Os sentidos são ferramentas absolutamente imperfeitas que nos obrigam a ver uma falsa realidade.
- As sombras que aparecem no fundo da caverna são sonhos, medos, fantasias e ilusões. Estes são construídos na falsidade geral da situação.
- Libertar-se das correntes para ver a realidade e a luz do sol significa libertar-se do condicionamento dos sentidos.

Esse condicionamento não é filosófico, mas físico. Podemos ouvir e ver apenas dentro dos limites estreitos das frequências possíveis, podemos saborear dentro dos limites do doce e do salgado. Portanto, só podemos ter informações limitadas sobre objetos. Podemos avaliar sua dureza e calor de uma maneira absolutamente grosseira. Ao mesmo tempo, não podemos entender nada sobre a essência mais refinada das moléculas e átomos que compõem a matéria.

A liberação dos sentidos das cadeias não pode ser física, porque não podemos forçar os sentidos a funcionarem de maneira diferente. Além disso, devemos ser gratos aos sentidos pelo seu funcionamento, pois nos permitem interagir com a realidade macroscópica em que vivemos.

Portanto, a liberação deve ser intelectual. Temos que construir dentro de nós mesmos a consciência de que existe uma realidade "lá fora". Os sentidos não nos permitem ver essa realidade. No entanto, essa realidade pode ser experimentada com razão.

No nível da consciência, podemos reconhecer que todas as verdades negadas pelos sentidos, espiritualidade, a alma, a dimensão psíquica das idéias e uma Inteligência ordenadora do cosmos estão lá fora e podem irromper em nossas consciências, iluminando-as com a luz da verdade. . Isso pode acontecer apesar do fato de que, fisicamente, na vida cotidiana, permanecemos acorrentados pela prisão dos sentidos.

Os presos nunca viram nada além de suas sombras, então pensam que as sombras são realidade. No entanto, um prisioneiro se liberta e olha em volta. Ele vê os objetos e ferramentas que passam por cima do muro e entende que são mais reais que as sombras. Ele sai da caverna e fica deslumbrado com o sol. Ele sente que tudo é mais verdadeiro fora da caverna. Ele se pergunta de onde vem a luz e percebe que a luz dá sentido ao todo. A luz representa o conhecimento e a idéia do bem e da beleza.

No entanto, Platão não atribui um valor totalmente negativo às sombras. O caminho que sai da caverna começa bem nas sombras. Sombras estão relacionadas a objetos reais. Segundo Plarone, acima de tudo estão as Idéias, das quais derivam os objetos do mundo sensível. As Idéias são os Arquétipos, ou seja, os modelos. Os objetos reais, que se refletem como sombras para os prisioneiros, são modelados nesses modelos.

Toda a filosofia de Platão pressupõe a existência de um nível superior puramente psíquico ou espiritual, o Mundo das Ideias, e apresenta muitas analogias com a teoria dos arquétipos e o inconsciente coletivo desenvolvido muitos séculos depois por Carl Jung.

Figura 4 - Algumas personalidades que enunciaram teorias contra o materialismo (foto da web).

De Platão ao vitalismo

O vitalismo se desenvolveu entre os séculos XVIII e XIX, na esteira das idéias neoplatônicas e da filosofia renascentista. De acordo com essa corrente de pensamento, as idéias de Platão devem ser estendidas a toda a natureza. As idéias são uma parte constitutiva de cada organismo e tudo o que existe. Portanto, todo o cosmos é animado por um princípio inteligente, a Alma do mundo. (em latim *Anima Mundi*).

Este termo filosófico indica a vitalidade da natureza como um todo. A natureza é considerada semelhante a um único organismo vivo. Portanto, o Anima Mundi é o princípio unificador do cosmos. Organismos individuais tomam forma a partir deste princípio. Todos os organismos são articulados e diferenciados, cada um de acordo com suas especificidades individuais, mas são ligados pela Alma Universal comum.

Gottfried von Leibniz atribuiu a vida e a capacidade de pensamento até a matéria inerte. Isso, é claro, contrastava fortemente com o determinismo materialista, que nunca aceitava a possibilidade de uma unidade profunda de toda a natureza.

Um grande defensor do vitalismo no século XX foi Henri-Louis Bergson (1859-1941), filósofo francês e Prêmio Nobel de literatura em 1927. Nos seus escritos, em controvérsia com o determinismo materialista, ele reafirma que a vida biológica, como a consciência, não é uma agregação aleatória de compostos químicos que se reproduzem, mas é uma criação perene e incessante.

Bergson argumenta que, na base de tudo, há um impulso vital, que empurra a matéria para realizações cada vez mais complexas. Esse momento se expande em diferentes direções e com diferentes intensidades. Desta forma, ele explica a existência do mundo das plantas separado do mundo dos animais. Na concepção de Bergson, as teses materialistas de mecanismo e determinismo não têm mais significado. A evolução concebida por Bergson parte da suposição de que nada é fixo ou determinado, mas tudo é realidade em movimento. A evolução é ao mesmo tempo sujeito e objeto, porque segue um processo que tem uma única origem. Esse processo ocorre em um impulso contínuo para a vida; portanto, o processo bergsoniano representa uma evolução criativa. Nesse contexto, a matéria é apenas o ponto de chegada do desenvolvimento de um certo modo de ímpeto criativo. Portanto, de acordo com Bergson, a matéria é uma manifestação do espírito.

Bergson também condena as tentativas de descobrir o mistério da vida analisando as partes individuais de um ser vivo. Nesse sentido, ele compartilha a declaração de Mefistófeles em Fausto:

> "Para entender e descrever uma realidade viva, procede-se primeiro matando e desmembrando-a.
> Então, você só tem na mão fragmentos inertes que - infelizmente - não têm qualquer referência à vida ".

O mistério da vida nunca pode ser entendido separando um ser vivo. De fato, os materialistas gostariam de fazê-lo, imitando uma criança que desmonta o brinquedo para entender como ele funciona. Com o brinquedo, você pode fazê-lo, porque o mistério de seu funcionamento está em alguma mola ou equipamento, portanto, o mistério está localizado dentro do brinquedo. O mistério da vida, porém, não é interno à criatura: vem de fora, faz parte da Alma do mundo.

De Hans Driesch a Carl Jung

Uma figura de particular interesse no campo do vitalismo é a de Hans Driesch, (1867-1941), filósofo e biólogo alemão, pioneiro da pesquisa no campo da embriologia. Entre 1891 e 1900, ele realizou uma pesquisa sobre o ouriço do mar na Estação Zoológica de Nápoles. A princípio, ele tentou explicar o desenvolvimento de embriões com base em teorias mecanicistas, mas logo teve que reconhecer a insuficiência dessas teorias. Ele defendia a tese de um princípio imaterial vital, inerente aos organismos, mas proveniente de fora deles. Este princípio coincide com o propósito da natureza. O princípio proposto por Driesch é a causa do desenvolvimento e evolução dos seres vivos, tanto como espécie quanto como indivíduos na espécie, cada um com suas particularidades.

Com base nos estudos de Aristóteles, Driesch chamou esse princípio de "*enteléquia*". Este termo indica uma realidade que contém em si o objetivo final para o qual tende a evoluir. Aplicada a uma espécie ou mesmo a um indivíduo, a enteléquia pressupõe a existência de um "lugar" onde resida essa informação.

É um "lugar" externo à fisicalidade do indivíduo. No entanto, os indivíduos podem obter informações desse "lugar".

As teorias de Driesch se mostraram particularmente fascinantes para Carl Jung. Em sua obra publicada em 1952, "Sincronicidade como princípio de conexões casuais", com a qual anunciou oficialmente sua teoria da sincronicidade para o mundo, o psicólogo suíço reconhece que foi influenciado desde 1925 pela leitura dos escritos de Driesch. Assim, escreve Jung em uma nota de seu trabalho:

> "A finalidade psíquica é baseada em um sentido 'pré-existente' que só se torna problemático mais tarde, quando se torna uma adaptação inconsciente. Nesse caso, de fato, deve-se supor uma espécie de "conhecimento" anterior a toda consciência. Hans Driesch também chegou a essa conclusão. "

As reflexões de Jung sobre a sincronicidade já haviam começado em 1916, mas as primeiras formulações explícitas da teoria ocorreram por volta de 1925, coincidindo com as descobertas das teorias de Driesch.

"Graus de existência" de Ernst Schumacher.

Em seu volume "The epochal winter. Current considerations" Hanspeter Padrutt retoma e comenta uma classificação especial formulada no século passado por Ernst Friedrich Schumacher, sobre os diferentes graus de ser (fig. 5).

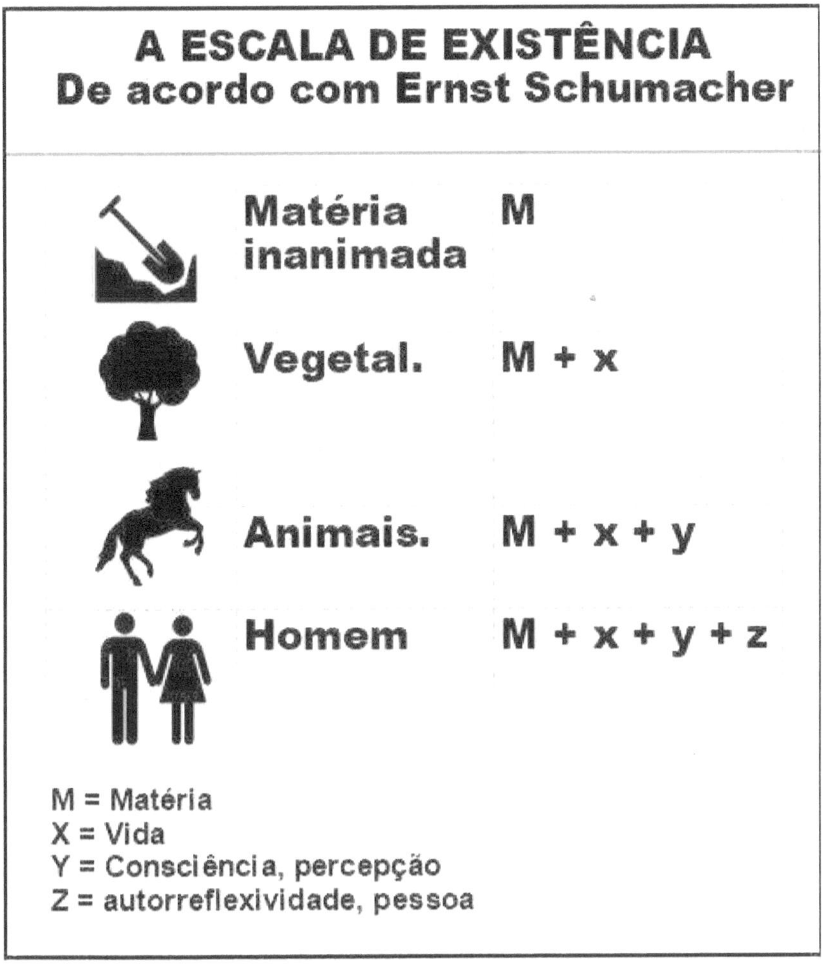

Figura 5 - De acordo com Ernst Schumacher, um influente filósofo e economista alemão, cada nível de realidade envolve a existência de um nível superior.

Ernst Schumacher foi um filósofo e economista alemão influente, nascido em Bonn em 1911 (fig. 4). Emigrou para a Inglaterra antes da Segunda Guerra Mundial para não viver sob o domínio nazista: apesar disso, com a eclosão da guerra, foi considerado um "inimigo estrangeiro" e foi internado em uma fazenda isolada no Reino Unido. Durante este período, ele conheceu o famoso economista John Keynes. Keynes apreciou algumas de suas obras e obteve sua liberação. Desta forma, Schumacher pôde contribuir para a recuperação econômica e financeira do governo britânico. Como resultado, Schumacher conquistou uma boa posição na Universidade de Oxford..

Ernst Schumacher interessou-se pelos problemas da mineração de carvão e tornou-se conhecido por suas críticas às economias ocidentais e suas propostas de adoção de tecnologias industriais mais humanas.

Em 1977, ele publicou "Um guia para os perplexos". Neste ensaio, ele critica o materialismo científico e investiga a exploração da natureza e da organização do conhecimento do ser. Neste pequeno "guia para viver no mundo", Schumacher renuncia aos paradigmas da ciência clássica e convida o leitor a se referir a si mesmo e a se apossar da própria vida e do sentido da existência, a "viver" subjetivamente e não "ser vivido "objetivamente.

Além da economia e da filosofia, sua grande paixão era a jardinagem, à qual se dedicou com paixão. Ele morreu em 1977 enquanto viajava pela Suíça.

Ele transferiu parte de sua pesquisa filosófica para uma mesa explicativa. Nisto notamos sua formação como economista. Na verdade, Schumacher expressa sua ideia sobre os diferentes níveis de consciência e conhecimento de uma forma incomum que lembra mais fórmulas matemáticas do que conceitos filosóficos. Sem dúvida, esse método dá grande clareza aos conceitos.

O psicólogo e filósofo William James (presidente da Society for Psychical Research de 1894 a 1895) é conhecido por sua declaração:

> "O que sabemos é apenas uma pequena gota no grande oceano da ignorância".

Essa observação tem dois séculos, mas ainda permanece verdadeira e atual, especialmente hoje. Em 1835, Auguste Comte, filósofo francês considerado o pai do positivismo, afirmava peremptoriamente que jamais poderíamos estudar de forma alguma a composição química das estrelas. Hoje isso é feito normalmente.

No campo científico, hoje mais do que ontem, é claro que sabemos muito pouco. Apenas algumas décadas atrás, acreditava-se que os átomos eram a menor parte da matéria e que esta não era mais divisível; em vez disso, hoje, novas partículas continuam a ser descobertas em aceleradores e a física quântica levanta sérias dúvidas sobre o que são as partículas, chegando à hipótese de que elas não existem, mas consistem apenas de energia vibrante.

O horizonte do conhecimento humano vai cada vez mais longe: a teoria da relatividade acaba de perturbar nossas certezas sobre a fixidez do tempo e do espaço, e já estamos averiguando como aquele universo, que pensávamos conhecer tão bem, nos é desconhecido. pelo menos 90%. A matéria escura pode valer até 90% do universo. Quanto à matéria escura, lembra a fênix do poeta Metastasio: "che ci sia ciascun lo dice, dove sia nessun lo sa". ("que existe todo mundo diz isso, onde ninguém sabe")

A cada dia conquistamos um pequeno espaço de conhecimento, apenas para perceber então que aquele espaço é uma janela aberta para novos territórios imensos e desconhecidos. Hoje, a ciência tem centenas, senão milhares de janelas abertas para paisagens das quais apenas a existência é certa, enquanto o conteúdo permanece completamente desconhecido.

Sabemos que somos feitos de matéria. Somos um agregado de moléculas, que por sua vez são agregados de átomos, que por sua vez são agregados de partículas elementares. Porém, em que lugar a centelha de vida tem, onde ela reside? Onde reside a organização dessas agregações de matéria? Nosso corpo é um veículo, uma máquina extremamente eficiente; mas o motorista, onde ele está?Tudo veio do acaso? A matéria, depois de se ter agregado milagrosamente ao nosso corpo, também adquiriu a capacidade de se guiar?

Em 1981, dois astrônomos renomados, Fred Hoyle e Chandra Wickramasinghe, queriam calcular a probabilidade de a vida ter nascido assim, por acaso. Concluíram que haveria probabilidade igual à de um furacão que, descarregando sua força em um aterro de metais e movimentando-os no redemoinho dos ventos, pudesse formar um Jumbo Jet pronto para voar. Perfeito. Mas mesmo que isso acontecesse milagrosamente, de onde viria o piloto capaz de decolar em vôo?

Apesar dos melhores esforços dos materialistas, é evidente que a matéria sozinha não pode ir além de um certo limite. Por trás da perfeição do universo deve haver uma inteligência, uma consciência superior que guia tudo.

A humanidade espera que a ciência, como meta próxima e necessária, finalmente se proponha como meta a renúncia ao materialismo e a busca de um nível imaterial, uma "Consciência Universal" independente do tempo e do espaço, um "Campo de energia e informação "contendo o" Projeto ", a" Cartilha de Instrução ", todos os saberes de que as consciências individuais já hoje extraem, involuntariamente, hoje.

Nossa consciência individual é parte de uma consciência maior, da qual extrai informações e sabedoria.

Meu fígado provavelmente não sabe que faz parte de um todo maior, que é meu corpo. Da mesma forma, faço parte de um todo maior, sem saber disso. No entanto, o todo maior do qual faço parte me conhece e cuida de mim.

Nesse sentido, Schumacher propõe em sua tabela diferentes estágios em que uma parte do universo faz parte de um todo maior, mesmo sem saber; o todo maior, por sua vez, inclui as partes que estão mais abaixo na escala e acrescenta algo mais (fig. 5).

O nível mais baixo (M) é o da matéria inerte que pode ser pesada e medida. É parte de um nível superior, o do mundo vegetal. Este nível inclui M, mas adiciona x, que representa a vida.

Portanto, se o nível mineral é apenas M (matéria), o próximo nível, o vegetal, é M + x, matéria + vida. Mas este nível é, por sua vez, parte de um nível superior, o terceiro.

O terceiro nível, relacionado ao reino animal, inclui o inferior (M + x), mas adiciona y, ou seja, a consciência e a capacidade de perceber. Assim, o terceiro nível torna-se M + x + y.

Todo o terceiro nível é, então, parte do quarto, aquele relacionado ao homem, que adiciona z, isto é, a autoconsciência de seu "Eu". Portanto, nos "graus de existência" o homem é M + x + y + z.

Schumacher para sua escada aqui. Mas se cada etapa é naturalmente parte de uma etapa superior, do que o nível humano se tornará parte?

Por que não deveria haver também um nível mais alto, que inclui M, x, y, z, mas também "algo mais"?

A resposta mais natural é sim. Existe o quinto nível, o da "Consciência Universal", que agrega valor.

Não sabendo chamar e definir esse valor, chamamos de "infinito". Seu símbolo é ∞.

O quinto nível da escala se tornaria M + x + y + z + ∞.

A escala dos graus do ser, assim completada, torna o homem parte de uma Consciência universal que inclui todo o universo: Matéria, vida, consciência, autoconsciência, energia e informação infinita.

Desta forma, a nossa parte imaterial, nosso piloto pessoal, se uniria ao grande piloto universal do qual receberia a patente. Nossa consciência pessoal estaria em diálogo contínuo com a Consciência universal e finalmente saberíamos de onde vêm nossas intuições profundas, nossos conhecimentos a priori, nossos sentimentos mais nobres e absolutamente alheios àquela animalidade a que o materialismo quer nos forçar.

Além disso, ao longo da história da humanidade, o homem sempre acreditou intuitivamente em algo superior, que chamou pelos nomes de divindades infinitas. Certamente existe uma Inteligência Cósmica que está além de nossa compreensão. Somos continuamente afetados por ele.

Parece que o homem tem uma necessidade inata de acreditar em algo maior. Afinal, mesmo a convicção de que não há nada maior ainda é uma crença, uma fé.

Sogni che suggeriscono invenzioni e successi

A afirmação de que mensagens úteis para o desenvolvimento dos indivíduos ou mesmo da humanidade derivam da Consciência Universal é confirmada por muitas personalidades famosas das artes e da ciência que afirmam ter recebido a inspiração para suas criações em um sonho. A história está cheia de problemas resolvidos de madrugada. Por exemplo, Friedrich Kekulé, químico alemão cujo nome está associado à definição da estrutura do benzeno e dos compostos aromáticos, sonhou com uma cobra mordendo a cauda e ao acordar percebeu que a molécula de benzeno era hexagonal.

Tabela Periódica de Mendeleev.
Nos círculos científicos russos, afirma-se que Dmitry Ivanovich Mendeleev chegou a determinar a composição da Tabela dos Elementos graças a um sonho. O famoso químico (1834-1907) queria organizar de forma racional os 65 elementos químicos conhecidos em sua época. Ele havia adivinhado que o modelo organizacional devia estar vinculado ao peso atômico, mas não conseguiu determinar a relação exata. De acordo com o químico russo B.M. Kedrov, em seu ensaio "Sobre a questão da criatividade científica", Mendeleev afirmou:

> "Num sonho vi uma superfície plana, onde todos os elementos estavam dispostos na ordem desejada. Depois de acordar, imediatamente desenhei esse arranjo em uma folha de papel".

Assim nasceu a tabela periódica que conhecemos até hoje. Mendeleev observou que o arranjo visto em um sonho era tão preciso que revelou que alguns elementos foram medidos de maneira incorreta.

O motor de busca Google.

Larry Page, cofundador do Google, diz que a ideia de um mecanismo de busca com as características do Google surgiu durante um sonho "vívido". Depois de conversar sobre isso com seu amigo Sergey Brin, eles deram à luz junto com Backrub, o precursor do atual Google.

Paul McCartney e Yesterday.

Paul McCartney conta a seu biógrafo Barry Miles que uma manhã em 1965 ele acordou com música em sua cabeça. Ele se levantou e tocou no piano a melodia que viria a ser Ontem. Hoje, essa música nascida dos sonhos está no Guinness Book como a música mais gravada.

A transmissão de sinais no cérebro.

No início dos anos 1900, os cientistas acreditavam erroneamente que a transmissão de sinais no cérebro acontecia eletricamente. Em vez disso, um sonho de Otto Loewi sugeriu a teoria exata. Loewi foi professor na Universidade de Graz, na Áustria, mas mudou-se para os Estados Unidos durante o regime nazista. Aqui ele lecionou na University of New York, cidade onde morreu em 1961. Seus estudos se concentraram na farmacologia de substâncias que atuam no sistema nervoso autônomo, tanto no simpático quanto no parassimpático, descobrindo que os mediadores atuam no o funcionamento dos nervos e músculos é químico e não elétrico.

Loewi chegou a essa descoberta após um sonho. Ele acordou e rabiscou algumas anotações em um pedaço de papel. Ao acordar percebeu que havia escrito os fundamentos da teoria que mudaria a história da medicina: ou seja, que a informação é transmitida quimicamente, por meio de mediadores químicos ativos. Graças a essa descoberta, em 1936 Otto Loewi ganhou o Prêmio Nobel de Fisiologia.

Niels Bohr e o átomo.

Em um artigo escrito no Massachusetts Institute of Technology (MIT) por Edwina Portocarrero com alguns de seus colaboradores, lemos o seguinte:

«Niels Bohr (1885–1962) desenvolveu o modelo atômico baseado em um sonho seu. No sonho, Bohr estava sentado no Sol enquanto todos os planetas, girando, silvavam e se moviam como se estivessem em cordas ».

Na verdade, o modelo atômico atual consiste em um núcleo central e uma série de elétrons girando em torno dele. O artigo de Portocarrero foi dedicado aos sonhos e intitulado "Lições sobre o travesseiro: interface descontínua para a rememoração e reprodução dos sonhos".

Mary Shelley e Frankenstein.

Em maio de 1816, um grupo de escritores estava hospedado em um hotel em Genebra. Entre esses escritores estavam Lord Byron, sua amante Claire Clairmont com sua irmã Mary Shelley e outras pessoas que amam cartas. O dia estava chuvoso e eles decidiram superar o tédio lendo histórias de fantasmas alemãs. Byron então se propôs a compor uma história de fantasmas: todos concordaram. Mary Shelley não tinha ideia de como começar, mas no decorrer da noite ela viu em um sonho o momento em que o cientista louco criou Frankenstein. Na manhã seguinte, ele começou a escrever a sequência arrepiante, e o livro foi o maior sucesso que conhecemos. O que seria a literatura de terror hoje sem Frankenstein?

"Misery não tem que morrer".

Este é um dos livros mais populares de Stephen King, do qual um filme também foi feito. O próprio autor conta que a ideia da trama, baseada em uma fã que mantém prisioneira sua escritora favorita para reescrever o final de uma história, surgiu durante um sonho em um avião.

Máquina de costura de Elias Howe.

A invenção da máquina de costura é atribuída a Elias Howe (1819-1867), que teve o mérito de melhorar muito alguns projetos existentes e de patentear sua versão melhorada. Por muito tempo Howe ficou preso a seu projeto: na verdade, Howe não sabia onde colocar o orifício da agulha.

Por causa desse problema o trabalho foi interrompido e ele foi caindo na pobreza. Sua ideia original era seguir a tradição e colocar o olho no topo. No entanto, ao fazer isso, a linha sempre se emaranhava. Ele nunca tinha pensado em colocar o olho perto da ponta da agulha.

Em 1845, Howe teve um sonho estranho. Alguns canibais o capturaram e o apunhalaram com suas lanças. Seu olho treinado percebeu que as lanças tinham um buraco próximo à ponta. Dito e feito, ele aplicou essa ideia à sua invenção e a máquina de costura nasceu.

Sonhos de Wolfgang Pauli.

O físico ganhador do Nobel Wolfgang Pauli afirmou repetidamente que recebeu as inspirações em um sonho, úteis para a formulação de suas teorias científicas.

Um sonho que ocupou Pauli ao longo de sua vida foi o que ele chamou de "Relógio Mundial". No sonho, Pauli viu duas rodas concêntricas girando de forma não concêntrica. Infelizmente, as rodas estavam conectadas por um eixo central impossível. Na hora do sonho, Pauli estava em análise no estúdio de Jung e entendeu que a imagem continha uma mensagem a ser transposta para sua pesquisa científica: para Pauli as duas rodas representavam a psique e a matéria, que precisavam ser unificadas em um físico científico. teoria. Infelizmente, apesar de perseguir esse objetivo como uma missão para toda a vida, Pauli foi incapaz de encontrar uma maneira de reconciliar o materialismo científico com a espiritualidade. Na verdade, a ciência moderna rejeita qualquer referência à psique ou ao espírito como lepra.

De Platão a Berkeley.

No mito da caverna, Platão sugere que todas as coisas, como as vemos, nada mais são do que uma gigantesca ilusão, mas ele não chega a afirmar explicitamente que as coisas não existem. Esse conceito, entretanto, é enunciado várias vezes no pensamento humano e se torna a espinha dorsal da filosofia de George Berkeley (fig. 6). O teólogo e bispo anglicano irlandês, Berkeley, com John Locke e David Hume, foi um dos três grandes empiristas britânicos. De acordo com Berkeley, os únicos objetos do conhecimento humano são as idéias.

O que definimos como uma coisa nada mais é do que um conjunto de ideias. Por exemplo, uma maçã nada mais é do que o conjunto de uma certa cor, um certo sabor, um certo cheiro, uma certa forma, uma certa consistência.

Todos os objetos que acreditamos existir (porque os sentidos nos fazem acreditar que eles existem) na verdade não existem de todo: eles não têm consistência, não têm corpo, são apenas ideias que, veiculadas pelos sentidos no cérebro, configuramos atribuindo-lhes uma falsa impressão de materialidade.

Não conhecemos objetos de forma alguma: conhecemos apenas as idéias de objetos que os sentidos transmitem ao nosso cérebro. Vivemos como em um sonho, como os prisioneiros da caverna platônica que observam as sombras acreditando que são reais. Temos percepções espaço-temporais relacionadas a objetos presumidos que, entretanto, não existem.

A árvore de Berkeley.

É útil repetir uma pergunta antiga: se uma árvore cai em um bosque e não há ninguém por perto, ela faz barulho? Esta questão foi proposta por George Berkeley.

Berkeley nasceu em Kilkenny, Irlanda, em 12 de março de 1685 e morreu em Oxford em 14 de janeiro de 1753. Ele se formou em 1707, completou seus estudos de graduação em matemática, lógica, literatura clássica, teologia e filosofia no Trinity College Dublin. Aprofundou imediatamente o conhecimento dos grandes pensadores de sua época lendo as obras de Locke, Gassendi, Descartes, Newton, Descartes, Hobbes e outros, dando forma e direção à evolução de seu pensamento, de forma a poder enunciar o princípio fundamental de sua filosofia: imaterialismo.

Em 1709, ele publicou o Ensaio de uma nova teoria da visão e, no ano seguinte, o Tratado sobre os princípios do conhecimento humano. Em 1713, ele também escreveu os Diálogos entre Hylas e Philonous.

Figura 6 - George Berkeley foi um filósofo, teólogo e bispo anglicano irlandês. Afirma que os únicos objetos do conhecimento humano são as idéias; as coisas em si não existem, são apenas um conjunto de ideias.

Em 1728 ele se casou com Anne Forster, filha mais velha de John Forster, presidente da Câmara dos Comuns irlandesa. Tendo beneficiado de uma notável herança, o seu espírito de fervoroso religioso levou-o a querer partir, com a sua esposa, para as novas terras da América, onde pretendia exercer a actividade missionária fundando um colégio nas ilhas Bermudas.

Enquanto esperava para receber os fundos prometidos, Berkeley mudou-se para a América e se estabeleceu em Rhode Island, onde Henry, seu primeiro filho, nasceu. Infelizmente, o filósofo foi então forçado a abandonar a iniciativa porque a Rainha não cumpriu a promessa de financiamento feita em primeiro lugar. De volta à Irlanda, foi nomeado bispo de Cloyne (pela Igreja Irlandesa).

O pensamento filosófico de Berkley é todo centrado no idealismo que ele contrasta fortemente com o "Iluminismo" que surge entre o final do século 17 e o início do século 18. Berkeley rejeita o materialismo que degenera em ceticismo e ateísmo. Quanto ao mérito, compôs "Alcifrone", um diálogo polêmico contra os pensadores livres da época.

Berkeley argumentou que os objetos existem apenas como percebidos. Portanto, se uma árvore cai em uma floresta onde ninguém testemunha a queda, ela não produz nenhum ruído.

Do ponto de vista do nosso bom senso poderíamos objetar que obviamente a queda da árvore certamente produz um ruído, pois a quebra das fibras lenhosas e a colisão com os galhos de outras árvores causam os deslocamentos de ar típicos das ondas sonoras.

Aparentemente, no entanto, a mesma ciência interveio expressando uma opinião favorável a Berkeley. Na verdade, uma das mais antigas e prestigiadas revistas de popularização científica, a Scientific American, fundada por Rufus Porter em 1845, entrou em campo em 1884 e demonstrou racionalmente que, de fato, uma árvore que cai não faz barulho, se não houver quem pode ouvir o barulho.

Na prática, segundo a revista, é verdade que a queda produz vibrações no ar, mas essas só podem ser detectadas com um aparelho auditivo que, por meio das partes internas do ouvido, as transforme em sons. Portanto, na ausência de um sistema auditivo capaz de detectar ruído, este não existe. Explicação perfeita.

Resolvemos assim uma questão que às vezes é erroneamente atribuída à filosofia Zen: se a árvore cai quando não há ninguém para ouvi-la, não faz barulho.

Voltando a Berkeley, para reforçar sua tese, cunhou o ditado "Esse est percipi" (Ser significa ser percebido). Todo o ser de um objeto consiste em ser percebido e nada mais. É o resumo de sua teoria imaterialista, segundo a qual as coisas nada mais são do que uma série de idéias, e começam a existir apenas quando são percebidas.

Esta não é uma revelação particularmente surpreendente para um físico quântico. Como veremos, ao nível das partículas elementares, estas mudam de comportamento se houver alguém que as observe, ou não: além disso, dependendo da forma como são observadas, podem mudar a forma como aparecem.

Depois de séculos de risos irônicos, as teorias de Berkeley começam a adquirir uma consistência firmemente ligada à realidade.

Do mesmo tipo que a queda da árvore é um dilema mais tecnológico: se acendermos uma lâmpada em uma sala vazia, onde ninguém pode observá-la, ela emite luz? Normalmente você responderia sim; exceto que, a luz nada mais é do que uma percepção do sistema nervoso; portanto, se não houver nenhum sistema na sala capaz de perceber a luz, isto é, um olho, não haverá luz. A luz começa a existir quando alguém pode vê-la: ela não tem existência própria, é apenas a elaboração de um sistema visual. Na verdade, ao fechar o interruptor, uma forma de energia flui e se transforma em outra forma de energia, a qual, entretanto, não conhecemos. Ele assume a aparência de luz apenas quando alguém o observa.

Da mesma forma, diríamos: como é o sabor daquele prato tentador que nos foi servido? Ninguém. Os alimentos começarão a ter gosto quando você os submeter ao seu paladar. Em si mesmo, o sabor é uma qualidade totalmente alheia ao alimento que você ingere.

Neste ponto, parece razoável nos perguntarmos se somos nós que nos adaptamos à realidade, ou se não é a realidade que se adapta a nós.

O universo existe porque olhamos para ele.

Voltemos ao tema da luz. Se é verdade que a lâmpada de uma sala fechada não emite luz porque ninguém a pode ver, da mesma forma podemos dizer que, se não estivéssemos ali para olhar o universo, o universo estaria escuro. As estrelas não brilhariam, o próprio sol não emitiria luz, se não houvesse ninguém para olhálas.

Para que o universo seja o que parece, alguém deve estar lá para vêlo. Sem olhos capazes de transformar os fótons emitidos pelas estrelas em luz, o universo ficaria escuro.

No segundo versículo da Bíblia (Gênesis 1, 2), o autor começa o relato da criação com estas palavras:

> "E Deus disse:" Haja luz ", e houve luz. E Deus viu que a luz era boa e separou a luz das trevas. ..."

Deus viu que a luz estava boa. Depois de criá-lo e vêlo, ele admitiu que era uma coisa boa. A luz se torna boa quando Deus a vê. Não só isso, quando Deus cria o homem, ele o cria "à imagem e semelhança de Deus". Desta forma, também o homem pode ver a luz para que a criação continue sendo uma "coisa boa", pois é uma "coisa vista".

A principal objeção a isso deveria vir da teoria da evolução, segundo a qual todos os seres vivos derivam de um único organismo ancestral a partir do qual toda a diversidade biológica atual teria se desenvolvido, e para cada ser vivo os órgãos mais adequados teriam se desenvolvido. sobrevivência. Todos os órgãos (mãos, pernas, cauda, penas, orelhas, pele e assim por diante) seriam o resultado do aperfeiçoamento progressivo de órgãos pré-existentes ou, em qualquer caso, desenvolvidos pelo ancestral ancestral.

Portanto, uma nadadeira pode se transformar em uma perna para acompanhar a passagem dos peixes aos animais terrestres: ou seja, um órgão desenvolvido em uma determinada condição como útil para a sobrevivência nessa condição, pode evoluir para um órgão diferente para ser útil em uma condição diferente . Essa teoria é confiável para quase todos os órgãos, mas não para os olhos.

As contradições evolutivas do olho.

Se há um problema que atormenta os darwinistas, é precisamente o da evolução do olho. O próprio Darwin, em sua obra "A Origem das Espécies" afirma de fato:

> "Supor que o olho, com todos os seus mecanismos inimitáveis [...], poderia ter sido formado por meio da seleção natural, parece, confesso livremente, um absurdo no mais alto grau."

A primeira tentativa aparentemente eficaz de explicar o desenvolvimento gradual do olho data de 1994: trata-se da famosa obra de Nilsson e Pelger "Uma estimativa pessimista do tempo necessário para um olho evoluir". Segundo esses estudiosos, o olho evoluiu de uma camada inicial de células fotossensíveis, graças às quais o organismo primordial foi capaz de se direcionar para a fonte de luz. Isso confirma, em qualquer caso, que a necessidade de ver já era inerente ao primeiro organismo.

Posteriormente, os processos evolutivos teriam causado o empacotamento dessas células fotossensíveis em uma espécie de poço hemisférico; quando o cockpit ficou fundo o suficiente, um diafragma estreitando apareceu nas bordas. Eventualmente, uma área mais densa capaz de agir como uma lente teria se formado no recesso já preenchido com a substância transparente.

Infelizmente, a cadeia evolutiva descrita nessas passagens não é de forma alguma uma evolução gradual e contínua, e não corresponde ao que deveriam ser modificações sucessivas mínimas da mesma característica, pois inclui a adição de outras estruturas orgânicas completamente independentes: um "proto -pupil "e um" protocristalino ".

Na verdade, o olho não representa a evolução de um único organismo primordial, mas requer a adição de partes diferentes e sofisticadas, como lentes, músculos reguladores, células sensoriais e inervações. Uma lente sem retina, assim como uma retina sem lente, não é funcional. No entanto, a retina e o cristalino não fazem parte do mesmo processo evolutivo porque têm diferentes qualidades de tecido que implicam em origens diferentes tanto no desenvolvimento embriogênico quanto na evolução.

Isso, sem dúvida, confirma que o olho é o produto de uma convergência evolutiva de diferentes partes em uma única função integrada: portanto, se quisermos falar de aleatoriedade, seria uma chance elevada ao enésimo grau.

Em conclusão, é inconcebível que um dispositivo tão especializado quanto o olho possa surgir de desenvolvimentos aleatórios, todos inicialmente sem vantagens evolutivas específicas, que então se integram milagrosamente à função visual.

Só podemos imaginar o desenvolvimento de um olho primordial, desprovido de retina e cristalino, se o entendermos como uma passagem obrigatória para uma função futura: isto é, como parte de um projeto que já previa qual seria seu uso em épocas posteriores. Certamente não uma evolução cega, mas um projeto guiado e assistido por uma inteligência universal.

Quando as coisas não são o que parecem.

O ser humano é parte de um todo que chamamos de "universo", uma parte limitada no tempo e no espaço. Ele experimenta a si mesmo, pensamentos e sentimentos como algo separado do resto, no que é uma espécie de ilusão de ótica da consciência.

Essa ilusão é uma espécie de prisão que nos limita aos nossos desejos pessoais e ao afeto pelas poucas pessoas mais próximas de nós. Nossa tarefa é nos libertar dessa prisão, ampliando nossa compaixão em centros concêntricos para abraçar todas as criaturas vivas e toda a natureza em sua beleza.

(Albert Einstein, físico, Prêmio Nobel)

O estranho caso dos dois presidentes.

Nos últimos tempos, está na moda, na imprensa de fofocas, procurar as estranhas coincidências que unem as celebridades. Em particular, a busca por fatos, eventos e circunstâncias que veem Kate Middleton e Charlene de Mônaco como protagonistas está enlouquecendo.

As coincidências são numerosas, mas não parecem particularmente significativas. Por exemplo, há muitas evidências de que Kate e Charlene não têm sangue azul. Ambas nasceram em janeiro, Kate no dia 9 e Charlene no dia 25. Ainda no que diz respeito às datas, Kate e Charlene se casaram em 2011.

De um ponto de vista mais pessoal, as duas nobres são simultaneamente desportistas e adoram frequentar qualquer tipo de competição, envolvendo-se em várias disciplinas. Além disso, os dois têm que lidar com duas sogras bastante "corpulentas", Lady Diana para Kate e Grace Kelly para Charlene.

Certamente, a narrativa das coincidências que unem dois dos mais famosos presidentes dos Estados Unidos é mais intrigante. Estamos falando de John Fitgerald Kennedy (fig. 7) e Abraham Lincoln (fig. 8). As coincidências mais relevantes estão relacionadas à modalidade de morte. Na verdade, os dois presidentes foram mortos em circunstâncias muito semelhantes, Lincoln em 14 de abril de 1865 e Kennedy em 22 de novembro de 1963. Aqui estão algumas das coincidências mais conhecidas com relação a seus assassinatos:

- Ambos foram mortos na sexta-feira, com um tiro na cabeça.

- Os dois estavam com a esposa ao lado, que não foi atingida.

Kennedy foi morto enquanto estava em uma limusine Ford Lincoln Continental; Lincoln enquanto assistia ao espetáculo "Our American Cousins", no Ford Theatre, em Washington.

- No momento do ataque, Lincoln e Kennedy estavam acompanhados de um casal: em ambos os casos o homem, que estava ao lado do presidente, ficou ferido.

- Os dois assassinos (John Wilkes Booth para Lincoln e Lee Harvey Oswald para Kennedy) tinham três nomes em um total de quinze letras.

- Ambos os assassinos morreram em circunstâncias pouco claras antes de serem julgados; no entanto, suas mortes ocorreram aproximadamente no mesmo horário que as vítimas, e ambos morreram devido a ferimentos a bala.

Há também coincidências em relação à vida privada ou carreira política.

- Ambos tinham sobrenomes de sete letras, e foram batizados com o mesmo nome de seus respectivos avós. Além disso, ambos eram segundos filhos de suas próprias famílias.
- Ambos haviam lutado na guerra; Lincoln na Guerra do Falcão Negro e Kennedy na Segunda Guerra Mundial.
- Ambos perderam um filho durante o mandato presidencial. Lincoln perdeu William Wallace e Kennedy perdeu Patrick Buovier.
- No momento da morte ambos tinham quatro filhos.
- Ambos foram eleitos para o Congresso pela primeira vez no século 46; da mesma forma em 1956 foram candidatos à vice-presidência, mas não foram eleitos porque seu partido perdeu as eleições.
- Ambos estavam engajados na defesa dos direitos da população negra, Lincoln em relação à abolição da escravatura e Kennedy na promoção dos direitos civis.
- Ambos foram sucedidos por um vice-presidente chamado Johnson: Andrew Johnson para Lincoln e Lyndon Johnson para Kennedy.)

Figura 7 - Uma incrível série de coincidências liga dois dos mais famosos presidentes dos Estados Unidos, Abraham Lincoln e John Fitgerald Kennedy, ambos vítimas de ataques.

Figura 8 - Abraham Lincoln, vítima de um atentado em 14 de abril de 1865. Muitas circunstâncias de sua vida e morte são incrivelmente coincidentes com outras semelhantes envolvendo o presidente John Kennedy.

Se ainda não basta, quem quiser pode encontrar centenas de outras coincidências que conectam a vida dos dois presidentes, consultando o site (em inglês): https://www.near-death.com/

As explicações dos céticos.

nquanto metade do mundo se esforça para estudar casos como esses para acrescentar outras coincidências à lista, a outra metade faz o possível para demonstrar que algumas das coincidências apresentadas seriam falsas e tentariam usar alguma imprecisão para negar tudo.

Depois, há algumas objeções gerais que são boas para todas as ocasiões, como que não é tão difícil encontrar coincidências entre dois fatos escolhidos ao acaso, se você examinar todos os detalhes.

De acordo com a lei dos grandes números, se você avaliar detalhadamente a vida e a obra de duas pessoas famosas, não é difícil construir uma lista de coincidências. Se, por exemplo, nos referimos a Masaniello e ao general Lamarmora, é provável que ambos gostassem de pizza napolitana e ambos levassem 44 no pé, mas não sei que outras coincidências realmente significativas poderiam ser encontradas.

O engano dos sentidos.

Mas por que a ciência oferece tanta resistência ao paranormal? De fato, a ciência ocidental passou vários séculos de sua vida sem acreditar, e hoje, quando começam a aparecer rachaduras nessa certeza granítica, ela se deixa levar pelo hábito. De fato, é difícil abrir mão de conveniências, posições estabelecidas, carreiras construídas na afirmação do materialismo.

Além disso, nós mesmos, que somos a água sobre a qual o navio da ciência desliza, somos tão viciados nessas posições que as tomamos como certas, apesar do fato de que todos os dias temos que lidar com o paranormal ou com percepções extra-sensoriais. Agora estamos acostumados a acreditar apenas no que pode ser tocado, pesado e medido, de modo que nem mesmo a evidência é capaz de erradicar os dogmas do materialismo de nossa mentalidade.

Na ânsia de dar importância apenas ao tangível (talvez porque só a matéria possa ser monetizada) esquecemos que, na maioria dos casos, as coisas mais importantes não podem ser mantidas em mãos para transformá-las em dinheiro.

A principal fonte de nosso bem-estar são pensamentos, humores positivos, sentimentos e todas as atividades relacionadas ao espírito ou psique que são capazes de dar sentido e motivação profundos à nossa existência ou, ao contrário, conseguem fazê-la parecer inútil. nenhum futuro.

Os fatos que acontecem ao nosso redor são moldados por nossa maneira de interpretá-los, por nosso otimismo ou nosso pessimismo, por nosso gradiente de confiança e esperança ou pelo de desespero. Não existe uma realidade objetiva ao nosso redor, as coisas não são assim em todo caso, mas mudam de acordo com nossa interpretação, ou seja, através do filtro de nossa consciência e nossa razão.

Nesse sentido, o que percebemos com os cinco sentidos, ou seja, a realidade sensorial, é sempre resultado de um processamento extra-sensorial.

Dizer que habilidades extra-sensoriais não existem é como nos considerarmos cata-ventos expostos a cada vento que passa, sem qualquer possibilidade de resistência.

Em vez disso, graças às habilidades extra-sensoriais que não podem ser medidas e pesadas, mas certamente existem, como coragem, uma visão otimista do futuro, a consciência de que a vida é feita de altos e baixos e cada baixa é sempre acompanhada naturalmente por uma alta , a confiança em nós mesmos e talvez também no próximo, a misericórdia e a bondade, portanto a capacidade de ajudar e ser ajudado, tudo isso torna as hastes de nossos cata-ventos tão sólidas quanto rochas. Qualquer vento pode soprar o quanto quiser, sem nunca conseguir erradicar essas crenças.

O que percebemos com nossos cinco sentidos, em tempos de tempestade e de calmaria, é sempre uma verdade mediada e medível.

Isso é válido não apenas no nível psicológico, mas também no prático. Nossos sentidos que nos parecem tão perfeitos são projetados para a máxima economia. Eles servem apenas para nos dar a ajuda necessária para nos movimentarmos e operarmos no ambiente sem sofrer danos.

Por exemplo, nossa audição é capaz de captar sons muito baixos (cerca de 30 Hertz de frequência) até sons muito agudos, cerca de 10 a 15.000 Hertz de frequência. No entanto, existe uma variedade infinita de sons, fora dessa faixa. Infelizmente nossos ouvidos não sabem perceber esses sons. Por exemplo, ultra-som, comumente ouvido por muitos de nossos animais de estimação. Por que só ouvimos frequências de 30 a 15.000 Hertz, e não mais altas ou mais baixas? Simples, porque não seriam úteis para nossa sobrevivência.

As frequências audíveis mais baixas podem sinalizar o rugido de uma avalanche que se aproxima e as mais altas podem sinalizar o silvo de uma cobra. Não precisamos de mais nada para sobreviver.

Forçados pelos limites da audição, colocamos toda a divindade de uma arte como a música dentro dessa faixa de frequências, e nem imaginamos quais sinfonias poderiam ser compostas (mas sobretudo ouvidas) se a faixa fosse mais extensa. Para nós, toda música está confinada à miserável estreiteza do que nossos ouvidos percebem, de 30 a 15.000 hertz. Nós nem mesmo concebemos a existência de harmonias incrivelmente mais elaboradas e envolventes. Para nós, não pode haver outra música além daquela que nossos ouvidos podem ouvir.

Não acreditamos que haja um concerto da floresta em crescimento, um minueto da flor desabrochando, ou a sinfonia sombria de uma rocha que geme há anos quando está prestes a se desprender da encosta da montanha.

Para compensar essas deficiências, adicionamos trilhas sonoras falsas aos filmes de natureza, adequadas ao nosso alcance de audibilidade. Obviamente, estes não são os sons reais.

E quando nos falam de xamãs que são capazes de viajar para esses mundos e ouvir esses sons, essas vozes ocultas da natureza, não acreditamos e achamos loucos aqueles que nos contam.

Nossos sentidos não são feitos para nos aproximarmos do universo, mas, muito mais prosaicamente, para nos impedir de bater os dedos dos pés quando andamos ou de colocar comida quente na boca quando comemos ou de brigar com alguma criatura muito colorida ou muito espinhoso para não ser venenoso.

Nossos sentidos ainda são os do homem de Neanderthal, enquanto evoluímos muito além do estágio Sapiens sapiens. Agora somos Homo ciberneticus, mas apenas culturalmente. Precisamos desenvolver novos sentidos, adequados ao nosso novo estágio evolutivo.

Objetividade e subjetividade.

Aquilo em que acreditamos determina a qualidade da nossa vida.

Podemos escolher entre objetividade e subjetividade.

A objetividade implica necessariamente nossa incapacidade de intervir nas coisas que nos cercam. As coisas são assim, ponto final, goste ou não. Do ponto de vista objetivo, tudo se forma e acontece externamente a nós mesmos e nos envolve sem possibilidade de fuga. Somos brinquedos mecânicos que ficam repetindo a tarefa programada marchando e batendo o pandeiro tanto no sol quanto na chuva, enquanto o sol inevitavelmente desbota nossas cores e a chuva enferruja nossas engrenagens.

Ao contrário, a subjetividade nos permite compreender e aceitar as coisas mediando-as, é uma teia que tecemos e pela qual filtramos a realidade. A subjetividade fornece ferramentas poderosas e eficazes para combater ou apoiar o que a vida nos oferece.

Encarar a vida de um ponto de vista subjetivo significa libertar-se das imposições de um destino massificante e construir um destino pessoal, mediado, colorido de oportunidades diferentes para cada um.

Uma vida vivida subjetivamente não é mais mensurável e pesável em laboratório, porque as medidas padrão não são mais válidas; cada um define seus próprios valores que, portanto, escapam à verificação de observadores externos. Já não são verificáveis em laboratório, mas são reais para todos no seu coração, no seu sangue, no seu ventre, na sua pele e sobretudo na sua alma.

Amor, fidelidade, generosidade, amizade, confiança em si mesmo e nos outros são realidades não objetivas sobre as quais modelamos nossa vida.

Portanto, existe uma realidade que vai muito além dos cinco sentidos, e nos permite sair das dimensões das máquinas para nos tornarmos seres humanos, como somos.

A vitória da subjetividade representa a derrota do materialismo e o enxugamento dos cinco sentidos que não são mais indicadores da verdade absoluta, mas simples auxílios úteis para situar nossa existência no universo sensível. Nesse universo, o da física newtoniana, baseado nas três dimensões clássicas mais o tempo, os cinco sentidos nos auxiliam de forma verdadeiramente exemplar. No entanto, quando consideramos a existência de universos psíquicos, livres de matéria, onde prevalecem diferentes percepções relacionadas ao pensamento e à alma, percebemos que os cinco sentidos não nos ajudam mais, pelo contrário, muitas vezes nos enganam.

Nos últimos séculos, o materialismo confiou aos cinco sentidos a tarefa de representar absolutamente todas as experiências humanas possíveis. Na verdade, a própria ciência materialista se viu em dificuldades diante do que hoje chamamos de fenômenos relacionados à matéria, como o magnetismo e a eletricidade.

Um dos sentidos mais enganosos, quando queremos usá-lo para outros fins que não aqueles para os quais foi desenvolvido, ou seja, a sobrevivência, é a visão. A visão processa objetos e seres vivos como formas, que são memorizadas para nos permitir reconhecê-los em encontros posteriores. Esta não é uma memorização precisa, porque somos capazes de reconhecer o rosto de uma pessoa mesmo quando seus caracteres mudaram muito, depois de dezenas de anos. Por outro lado, lembramos com grande dificuldade que panorama estava ao fundo ou quais carros e quais pessoas passavam na estrada atrás dela. No entanto, nós "vimos" tudo.

Figura 9 - A figura de Rubin reproduzida acima pode ter dois significados distintos, conforme a interpretação subjetiva do observador.

Psicologia da forma.

Entre os séculos XIX e XX, a psicologia experimental dedicou muita energia a investigar os mecanismos pelos quais nos relacionamos com a realidade externa.

A base da pesquisa partiu normalmente da consideração de que tudo o que percebemos com os sentidos não assume a mesma importância na elaboração que fazemos. Ouvindo uma conversa, normalmente a "filtramos" de todos os ruídos de fundo. Observando uma cena focamos no fato essencial enquanto negligenciamos os contornos.

Em outras palavras, somos capazes de hierarquizar os eventos observados, ou seja, estabelecer o que nos interessa e o que não é, a fim de fortalecer a compreensão de apenas uma parte do quadro observado, negligenciando o restante.

Nossa percepção do que está acontecendo ao nosso redor nunca é a reprodução exata da realidade. Isso significa que nosso conhecimento do mundo nunca chega a ser integral, porque não registramos fielmente na mente tudo o que acontece, mas apenas o que nos interessa.

Todos os estímulos percebidos são imediatamente divididos em "interessantes" ou não, de modo que a maioria deles é descartada e perdida para sempre.

A imagem de Rubin, proposta na figura 9, pode ser interpretada de duas maneiras. É possível ver, ao centro, a forma de uma xícara, ou, nas laterais, dois perfis humanos. Através de uma rápida observação nossos sentidos registram um dos dois significados, mas será aquele que corresponde à realidade? Quantos outros enquadramentos "equívocos" percebemos com o olhar da realidade que nos cerca?

A questão é: quem decide o que nos interessa e quem decide o que descartar e o que, inversamente, manter?

Com referência a esses aspectos da percepção humana, alguns pesquisadores como o psicólogo tcheco Max Wertheimer e os alemães Wolfgang Köhler e Kurt Koffka iniciaram uma linha de estudos à qual deram o nome de Psicologia da Forma (Gestaltpsychologie, ou psicologia da Gestalt).

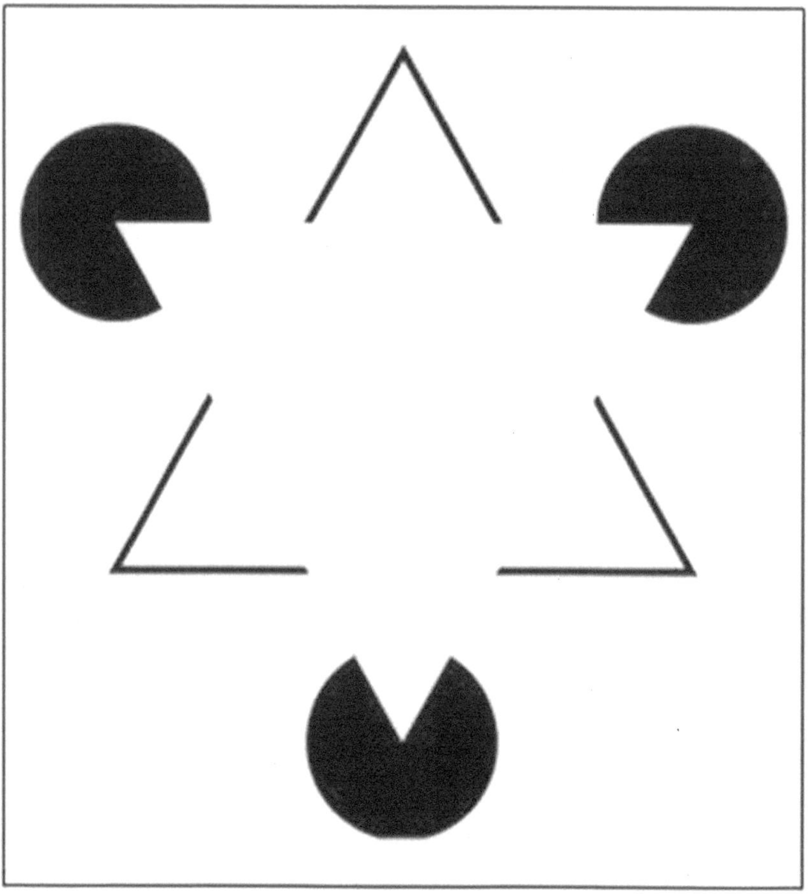

Figura 10 - Na figura de Kanizsa representada acima, um triângulo branco é claramente visível no centro. Isso, no entanto, não é desenhado de forma alguma, e só pode ser imaginado considerando a complexidade do projeto.

Esses estudos tiveram como objetivo compreender os princípios segundo os quais alguns elementos percebidos se unem para compor uma "forma" que emerge em segundo plano, ignorando outros elementos que, embora presentes na percepção, são considerados irrelevantes, como se não fossem eles próprios parte. do percebido.

Koffka argumentou que existem coisas e "não-coisas": as coisas são colocadas em um cenário de "não-coisas". A imagem da Mona Lisa surge contra o pano de fundo de uma paisagem que só interessa principalmente aos críticos de arte. Em vez disso, milhões de pessoas que observaram a pintura, após um certo período, lembram vagamente da presença de uma ponte (ou é uma torre?). Normalmente ninguém se lembra exatamente quantos ciprestes são visíveis no fundo.

Na realidade, o hábito de nos relacionarmos com o mundo exterior através dos cinco sentidos nos leva a transformar toda a realidade em coisas: não é à toa que diante de um objeto ou de um fato que não compreendemos costumamos dizer no mesma forma: O que é isso?

Para serem aceitas pelos nossos sentidos, as coisas devem ter medidas e peso, e devem ser adequadamente colocadas em relação às outras coisas que as cercam. Uma cadeira colocada ao lado de uma mesa de centro é algo que não nos preocupa, pois poderia acontecer se a cadeira aparecesse e desaparecesse ou girasse no ar.

Isso é verdade desde que observemos a cena analisando-a minuciosamente, ou seja, impondo a nós mesmos uma análise completa da situação.

Este não é normalmente o caso. Nossos sentidos são muito mais apressados, e devem ser, já que as cenas são como rios que correm, podem mudar na ordem de frações de segundo.

Portanto, os sentidos nunca analisam completamente toda a situação, mas extraem apenas os elementos essenciais e isso, na maioria dos casos, é enganoso e arbitrário.

Um exemplo muito citado é o da distribuição de treze cartas em um jogo Scala 40. Se um jogador recebesse todas as treze cartas de copas, do Ás ao Rei, ele clamaria pelo quase milagre. Na verdade, há apenas uma chance em 635 bilhões de que um jogador receba treze cartas do mesmo naipe. Mas se pensarmos bem, qualquer combinação de treze cartas só pode acontecer uma vez em 635 bilhões de vezes, então qualquer distribuição de cartas é um pequeno milagre.

O fato de um jogador receber treze cartas do mesmo naipe é significativo e surpreendente para nós, mas na realidade é um evento absolutamente normal. Somente nós atribuímos um sentido extraordinário a um fato que, em si, é absolutamente ordinário.

Para a psicologia da Gestalt, tal evento não é significativo porque é estatisticamente raro, mas porque se destaca fortemente no contexto de milhares de outras distribuições de cartas menos lineares.

Exemplos bem conhecidos são representados pelas figuras de Kanizsa.

Gaetano Kanizsa, nascido em Trieste em 1913 e falecido na mesma cidade em 1993, foi um psicólogo e pintor italiano. O pai era um judeu húngaro, a mãe uma católica eslovena. Após o colegial, ele se matriculou na faculdade de filosofia da Universidade de Pádua, onde Cesare Musatti o apresentou à psicologia. Atingido pelas leis raciais, ele foi privado da cidadania italiana. Após o armistício de Cassibile, fugiu para Roma, onde conseguiu um cargo de pesquisador no Instituto de Psicologia do CNR.

A Figura 10 mostra claramente um triângulo branco. Isso, no entanto, não é desenhado de forma alguma, e só pode ser imaginado considerando a complexidade do projeto. Embora não esteja lá, chama a atenção muito mais do que as outras figuras geométricas. Além disso, seu interior parece "mais branco" do que o branco que contém o restante da imagem. A imagem confirma que nossos sentidos são capazes de nos fazer ver coisas que não existem.

A Figura 11 é mais difícil de decifrar e mostra o rosto de uma jovem ou, alternativamente, o perfil de uma senhora idosa. É muito difícil apreender ambos os significados, se não soubermos de sua existência. Mas nossos sentidos não estão programados para analisar com precisão o constante bombardeio de estímulos que recebem. Portanto, os sentidos registrarão um dos dois significados da figura, ignorando a existência do outro. Mas temos certeza de que registrarão o que mais corresponde à realidade?

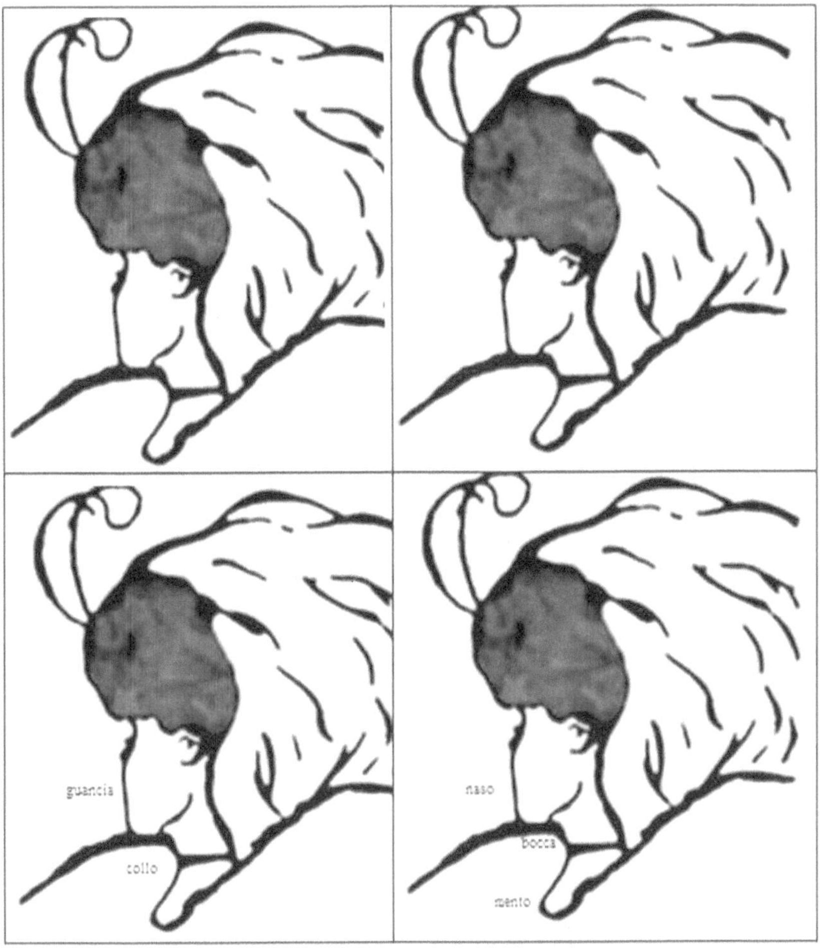

Figura 11 - Esta figura é mais difícil de decifrar e mostra o rosto de uma jovem ou, alternativamente, o perfil de uma senhora idosa.

Em 50% dos casos, diante de uma representação desse tipo, nossos sentidos nos enganam. Provavelmente registrarão o sentido mais próximo do que esperaríamos, ou seja, estarão "conformes" com nossa bagagem cultural adquirida. Isso significa que, normalmente, qualquer estímulo intelectual será posto de lado em favor da preservação e fortalecimento do existente.

Uma suposição da psicologia da Gestalt é que nossos sentidos percebem e organizam as percepções ao longo de algumas linhas privilegiadas, misteriosas, mas solidamente operacionais.

Os estudos de Koffka identificaram princípios organizacionais de percepções.

Dentre estes os principais são similaridade, simetria, proximidade ou distância, entre outros.

Por exemplo, uma série de bipes em sequência rápida é interpretada como um sinal de perigo; dois cães pastores num rebanho de ovelhas são identificados como um par distinto do resto das figuras; uma série de três pontos pretos juntos, mais três outros próximos um do outro, mas ligeiramente distantes do primeiro, não é interpretado como um conjunto de seis pontos, mas como dois conjuntos de três.

Um princípio particularmente interessante é o da proximidade temporal. Tendemos a organizar as percepções e os sinais que recebemos de fora também de acordo com a conexão temporal que os une. Outro critério importante é o significado. Há percepções que saltam aos nossos olhos como faróis na noite, pela forma como se distribuem no tempo e pelo sentido, o sentido que nos inspiram.

Mas aqui entramos em outro campo, o das coincidências significativas..

Coincidências, inconsciente coletivo, sincronicidade.

"O que sabemos sobre nós é apenas uma parte, e talvez uma parte muito pequena do que somos sem o nosso conhecimento."
(Luigi Pirandello, dramaturgo, escritor e poeta italiano)

Mais poderoso que os computadores mais poderosos.

No capítulo anterior vimos como nossos sentidos escaneiam uma imensa quantidade de dados, que não chegam à nossa consciência quando são detectados. Os dados são processados de acordo com procedimentos capazes de extrair da massa aqueles de maior interesse para nós. Posteriormente, os dados interessantes são armazenados de acordo com esquemas com alto conteúdo simbólico. Isso nos permite reconhecer um rosto muitos anos depois de ter sido visto pela última vez. Na prática, não memorizamos o rosto como ele é, mas uma forma do rosto, algumas referências que, depois de anos, podem ser rastreadas até o original.

É como se um determinado software, residente em nossa consciência, manipulasse a realidade nua e crua como aparece aos sentidos, transformando-a em formas ou conceitos absolutamente flexíveis, adaptáveis e reutilizáveis de acordo com as necessidades. Isso permite que você categorize como "cadeira" qualquer objeto com uma ou mais pernas e uma superfície horizontal adequada para acomodar a região lombar.

O reconhecimento de odor é uma função extremamente poderosa. Depois de décadas, somos capazes de reconhecer um e imediatamente reconstruir a cena em que o percebemos pela primeira vez. Por exemplo, o cheiro de algas marinhas na praia nos remete imediatamente a uma viagem escolar feita por meninos a uma cidade litorânea.

O reconhecimento facial é uma das funções privilegiadas do nosso software pessoal. Qualquer que seja o estranho panorama que se apresente diante de nós, podemos identificar imediatamente a possível forma de um rosto no arranjo de objetos e elementos. Reconhecemos facilmente rostos nas formações de nuvens, ou nos esporões rochosos ou mesmo nas manchas húmidas presentes nas antigas muralhas.

Na prática, todo estímulo vindo diretamente dos sentidos é processado pelo software que reside em nossa consciência e é transformado de forma a torná-lo utilizável em situações posteriores; é, portanto, um software de aprendizagem e memorização, cuja principal característica é estar equipado com um poderoso algoritmo de recuperação.

Nos primórdios da ciência da computação, todo estudante que desejava escrever pequenos programas enfrentava o problema de armazenar e recuperar dados. Por exemplo, querendo escrever um pequeno programa capaz de indicar a capital de uma nação, o aluno criou um arquivo de duas colunas contendo os pares de capital-nação (Itália - Roma, França - Paris, Espanha - Madri, e assim por diante).

Ao fornecer ao computador o nome do país (Espanha), a máquina escaneou todo o arquivo até encontrar o casal contendo a Espanha e imprimiu o resultado na tela: Madri.

Este era o chamado acesso sequencial e poderia funcionar desde que os pares de dados não excedessem alguns milhares, após o que o sistema se tornava lento demais para ser realmente útil.

Hoje vivemos na era dos motores de busca, capazes de examinar bilhões de dados. Obviamente, a busca não é mais sequencial. Os mecanismos de busca possuem algoritmos altamente sofisticados capazes de extrair informações em tempos da ordem de milissegundos.

Você pode digitar "emaranhamento" na linha de pesquisa do Google e verá que em 0,36 segundos ele indicará a presença de cerca de 9.700.000 resultados (pesquisa em maio de 2018).

Bem, muito antes do homem desenvolver esses algoritmos, algo semelhante, se não mais sofisticado, já estava presente na mente humana. Nossos algoritmos mentais são capazes de extrair informações úteis para nossa vida diária em milissegundos, extraindo de uma massa de bilhões de bilhões de megabytes adquiridos ao longo dos anos por nossos sentidos. Mas eles não vão apenas apontar quantas referências existem: eles vão selecionar imediatamente as mais úteis para nós naquele momento.

É uma organização maravilhosa e surpreendentemente eficaz. Será que isso não passa de fruto de várias tentativas, fracassos e novas tentativas de evolução, como as teses materialistas gostariam de sustentar? As dúvidas são legítimas.

Funciona apenas com estímulos simples?

Neste ponto, devemos nos perguntar se nosso software funciona apenas como vimos até agora, processando sem nosso conhecimento os estímulos recebidos dos sentidos, descartando ou escolhendo de acordo com critérios misteriosos as formas interessantes de manter e gerenciar essa quantidade de dados sem qualquer intervenção da nossa parte. Ou se não podemos hipotetizar a possibilidade de nosso envolvimento ativo.

Temos que partir de uma suposição. Se nosso software é capaz de discernir o que pode ser útil e o que não pode, ele deve necessariamente ser dotado não apenas de inteligência, mas também de capacidade de discernimento. Ou seja, ele deve saber o que será útil para nós no futuro, portanto, deve ter uma visão de nossa existência que vá além da experiência do passado e do presente, mas também se estenda para o futuro, naquelas circunstâncias e ocasiões que ainda não foram realizados, mas são precisamente aqueles para os quais ele constrói as formas e as arquiva.

Ou seja, as elaborações do nosso software nos servirão no futuro. Portanto, nosso software deve conhecer nosso futuro para processar as informações atuais de maneira útil.

Se isso for verdade, e certamente é, então podemos abandonar o conceito de software, porque software nada mais é do que um programa construído para realizar determinadas ações. Por mais inteligente que o software possa ser, ele nunca será mais inteligente do que o programador que o criou.

Um software capaz de conhecer o passado e o futuro vai além das capacidades humanas. O que opera em nossas consciências não é um software inteligente, nem um software desenvolvido por acaso no curso das vicissitudes evolutivas da espécie. É uma Inteligência, ou melhor, uma Sabedoria preexistente, que podemos definir como Inteligência Universal.

A Inteligência Universal conhece nosso passado, presente e futuro porque existe em uma dimensão diferente daquela em que estamos acostumados a viver, feita de matéria sujeita às regras da física newtoniana (gravidade, tempo etc.).

O nível de Inteligência Universal deve ser puramente psíquico; é um nível feito de energia e informação, no qual a matéria está ausente.

É possível que tal nível exista? Certamente sim, como veremos nos próximos capítulos. A física quântica revelou e confirmou experimentalmente a existência desse nível.

Certamente a física quântica não confirmou de forma alguma a existência de uma Inteligência Universal, mas gostamos de imaginar que existe, caso contrário não poderíamos explicar de forma alguma toda uma série de fenômenos, incluindo as coisas já ditas sobre o armazenamento inteligente de formas retrabalhado a partir das percepções brutas de nossos sentidos.

A peculiaridade dessa Inteligência é sua capacidade de estabelecer uma espécie de interatividade com nossas consciências. Além do papel praticamente automático de construir e memorizar as formas úteis para nossa sobrevivência, a Inteligência constrói formas de direção da vida. Além disso, a Inteligência Universal constrói propostas voltadas para a mudança, para a correção, muitas vezes simplesmente para melhorar nossas relações com a realidade. Essas propostas são formas de comunicação que vêm sendo estudadas há décadas pelo psicólogo suíço Carl Jung. Ele as chamou de coincidências significativas, ou sincronicidades.

Os princípios de organização de nossas percepções, geridos pelo que chamamos de Inteligência Universal, não se aplicam apenas à realidade percebida momento a momento, entendida como uma sucessão de fenômenos distintos, mas também à percepção de fatos, fenômenos e coincidências que normalmente poderiam aparecem desprovidos de qualquer relação ou conexão entre eles. Às vezes, essas percepções. emergem de forma completamente espontânea, em nossa consciência. Vemos emergir conexões lógicas e intuições que dão sentido a essas coincidências e as tornam significativas para nossa compreensão.

Podemos dizer que a Inteligência constrói sincronicidades para nós e nos permite entender a mensagem que está escondida ali. Isso é possível quando apreciamos a possibilidade e a presença de sincronicidades, evitando considerar simples casos fortuitos.

O relógio que pára no momento da morte do seu dono constitui uma coincidência significativa, pela contemporaneidade dos dois acontecimentos; este não teria sido o caso se o relógio tivesse parado dois dias depois ou antes.

Da mesma forma, um encontro com um conhecido do passado, depois de ter sonhado na noite anterior, é considerado uma coincidência significativa.

Carl Gustav Jung

Carl Gustav Jung foi uma das principais figuras intelectuais do pensamento psicológico e psicanalítico, psiquiatra, psicanalista, antropólogo e filósofo suíço (fig. 12).

Ele nasceu em 26 de julho de 1875 em Kesswil, Suíça, filho de Paul Achilles Jung, um teólogo e pastor protestante, e de Emilie Preiswerk. Graduou-se em medicina e em 1900 entrou no hospital psiquiátrico de Zurique.

Ele estava inicialmente próximo do pensamento de Sigmund Freud, concordando com suas interpretações dos fenômenos psíquicos. Os dois se conheceram em Viena em 1907, e nessa ocasião conversaram por treze horas.

Como resultado dessa colaboração, Jung passou a ser chamado de "golfinho" da psicanálise, e esperava-se que ele fosse o sucessor de Freud à frente do movimento psicanalítico.

Dissensão e ruptura com Sigmund Freud.

Em vez disso, após apenas alguns anos, surgiram os primeiros sinais de suas divergências, que dariam origem às duas principais orientações históricas da psicanálise, entendidas por Freud como terapia e por Jung como forma de conhecer a psique.

Essa dupla visão rapidamente se consolidou, tanto que, já em 1909, a Clark University, tendo planejado um ciclo de palestras nos Estados Unidos, convidou os dois.

Durante a viagem de navio, os dois cientistas decidiram praticar a análise dos sonhos um do outro. Jung, no entanto, não ficou satisfeito com a colaboração de Freud porque, em sua opinião, mantinha uma atitude de reticência, tentando esconder alguns aspectos de sua vida privada que, ao contrário, seriam indispensáveis para uma melhor análise.

Quando expressou essa perplexidade, Freud não negou, mas afirmou que a razão de sua reticência residia no fato de não poder revelar aspectos de sua própria personalidade que colocassem em risco sua autoridade. A partir desse episódio, a estima de Jung por Freud começou a diminuir, assim como sua apreciação por suas teorias.

A isso se somava a acentuação de um atormentado itinerário de diferenciação conceitual, que atingiu seu ápice quando, em 1912, Jung decidiu publicar sua obra (Libido. Símbolos e transformações) na qual expunha todas as suas dissensões teóricas.

Neste livro ele manifesta sua orientação, visando estender a pesquisa analítica da história do indivíduo à totalidade da humanidade: de fato, segundo Jung, além de um inconsciente individual há um inconsciente coletivo, que manifesta sua presença e atua por meio de arquétipos.

Nessa visão, a vida do indivíduo torna-se um caminho pelo qual ocorre a realização do eu pessoal. Jung chama isso de processo de descoberta.

Após a publicação deste livro, suas relações com Freud se romperam. Sobre o pensamento de Freud ele disse: "O cérebro é visto como um apêndice dos genitais."

Quanto ao conteúdo das duas interpretações, e sua diferenciação, podemos considerar que Jung compartilhou inicialmente com Freud a hipótese relativa à doença mental. De acordo com essas hipóteses, a compreensão das doenças requer o conhecimento da história individual do paciente e dos "processos de repressão" relativos a conteúdos de natureza exclusivamente sexual.

Figura 12 - Carl Gustav Jung. Seu pensamento postula que, além de um "inconsciente individual", existe um "inconsciente coletivo" que se expressa por meio de arquétipos. A vida do indivíduo é vista como um caminho, denominado "processo de individuação"..

Mais tarde, porém, Jung formulou a hipótese de que os fenômenos da psique não são os descritos por Freud. Segundo a nova teoria de Jung, esses fenômenos eram manifestações de uma energia presente na natureza, a libido.

Libido e símbolos.

A libido é uma espécie de impulso vital, uma pulsão que visa dinamicamente a vida e a conservação da espécie.

Portanto, na terapia psicológica não é necessário ter em mente apenas o componente biológico. Esta seria uma abordagem pessimista. Por outro lado, também é necessário ter em mente o componente espiritual. Este componente dá ao indivíduo uma tensão saudável visando alcançar a melhoria.

Segundo Jung, os impulsos da libido também podem ser desviados para conceitos e ambições intangíveis e, portanto, podem gerar uma evolução espiritual. A doença psíquica ocorre quando esse processo evolutivo é bloqueado; nestas condições surgem as neuroses. A libido funciona produzindo símbolos. Graças a isso, o homem primitivo foi capaz de transferir os impulsos imediatos que os direcionam para a criatividade, iniciando assim a transição do nível instintivo animal para o nível cultural.

Os símbolos da libido têm conteúdos que vão além da consciência individual e podem ajudar a transformar a natureza do homem.

Alguns desses símbolos são universais, comuns e compartilhados por todos os indivíduos. Jung os chama de arquétipos, termo derivado do grego. O significado de "arquétipo" pode ser mais compreensível se o definirmos como "imagens originais", "modelos", "imagens virtuais", "representações possíveis".

Os arquétipos correspondem às experiências amadurecidas pela humanidade ao longo de sua história evolutiva à medida que desenvolveu a consciência. Eles são a memória da humanidade, e estão encerrados em um espaço que Jung chama de "inconsciente coletivo". Esse inconsciente é coletivo porque não é individual, mas compartilhado, acessível por toda a humanidade e por cada ser humano.

Figura 13 - Wolfgang Pauli, um estudante muito jovem do Ginásio Döblinger em Viena. Ele conheceu Jung para um tratamento terapêutico que logo resultou em uma sólida amizade e uma troca de cartas de um quarto de século.

Os arquétipos que residem no inconsciente coletivo têm o poder de intervir na vida dos indivíduos gerando episódios que Jung chama de sincronicidade.

Na construção dessa teoria, Carl Jung teve o apoio cultural e moral do famoso físico vencedor do Prêmio Nobel Wolfgang Pauli, (Fig. 13) que o encorajou a expressar suas conclusões apesar de Jung hesitar durante anos em fazê-lo. Pauli persuadiu Jung a publicar conjuntamente, em 1952, um livro que continha a teoria da sincronicidade na forma de um ensaio intitulado "A Sincronicidade como Princípio das Conexões Acasuais".

O símbolo,

O caráter simbólico dos arquétipos produz a consequência de que mesmo as sincronicidades geradas por eles têm aspectos simbólicos.

Isso é apoiado pela experiência, e alguns analistas junguianos não hesitam em definir sincronicidades como "devaneios".

De fato, os sonhos são absolutamente independentes de nossa vontade e dificilmente poderíamos intervir para conduzi-los em nossa vida cotidiana. Da mesma forma, as sincronicidades são eventos únicos que surgem em nossas vidas despertando perplexidade e admiração. Os sncronicitò estão sempre cercados por uma aura de mistério devido à sua forma simbólica.

As estranhas coincidências de que às vezes somos protagonistas também têm um valor simbólico, mas sua repetição pode nos guiar para decifrar o símbolo e entender a mensagem. Quando isso acontece, segue procedimentos misteriosos. Às vezes acontece: nossa consciência simplesmente revela o significado do símbolo diante de nossos olhos, embora não possamos reconstruir o procedimento segundo o qual isso poderia ter acontecido.

De acordo com o significado comum, o símbolo é algo que está no lugar de outra coisa. Na maioria das vezes, o significado oculto do símbolo nos escapa. Por mais que pareçamos tê-lo "na ponta da língua", ele zumbia ao nosso redor sem que pudéssemos agarrá-lo.

Nesse sentido, o símbolo gera uma tensão entre o que aparece e o que escapa, contém uma parte do conhecido e uma parte do desconhecido. Representa um desafio para a consciência que sofre na inquietação de um problema não resolvido, uma pergunta sem resposta, um peão que não tem lugar.

Não é impossível vencer o desafio. De fato, as sincronicidades têm a função de tornar conscientes as mensagens vindas do inconsciente coletivo através do nosso inconsciente individual.

Uma mensagem misteriosa flui do inconsciente coletivo, escrita em uma linguagem e com símbolos construídos sobre a evolução vivida por toda a humanidade e, portanto, indecifrável ao máximo para a visão permitida por nossa experiência extremamente limitada. Digamos que nossa consciência não tenha olhos grandes o suficiente para poder visualizar e compreender o significado total da mensagem.

Quando passa pelo nosso inconsciente individual, a mensagem tenta se tornar compreensível à nossa consciência.

Mediado pelo inconsciente individual, o símbolo se reveste de coisas que aconteceram que não lembramos mais, ou que queremos esquecer; vasculhando um armazém de ruínas e fragmentos de prédios destruídos que, no entanto, nos eram familiares em determinada época, e os utiliza para se expressar mais de perto à nossa experiência. Mantendo sua cripticidade, torna-se mais decifrável.

Se não estivesse ligado ao inconsciente coletivo, nosso inconsciente individual seria apenas uma triste coisa inútil, um cemitério de experiências enterradas.

Graças ao inconsciente coletivo, nosso inconsciente individual torna-se uma ferramenta preciosa e se transforma no meio de momentos emocionantes da vida, de devaneios que podem nos guiar para uma evolução espiritual e uma vida melhor.

Arquétipos, ideias, conceitos.

A palavra arquétipo vem do grego antigo e pode ter o significado de original, modelo, marca. Segundo alguns, também pode significar "começo". Foi usado pela primeira vez por Filo de Alexandria, um antigo filósofo grego também conhecido como Filo, o judeu, que viveu em Alexandria no Egito e foi contemporâneo de Jesus.

Mais tarde, o termo foi adotado por outros filósofos gregos, como Dionísio de Halicarnasso e Luciano. de Samósata.

O desenvolvimento do tema dos arquétipos pode ser inserido, porém, na tradição platônica, onde aparecem como ideias, ou seja, modelos originais de coisas sensíveis. Alguns neoplatônicos, como Plotino, os consideravam ideias pré-existentes na mente divina e modelos de coisas criadas.

Dentro dessa tradição, Jung considera os arquétipos como imagens primordiais que constituem o inconsciente coletivo, ou mesmo formas primitivas nas quais se baseiam mitos e religiões.

Na psicologia analítica os arquétipos adquirem um valor ético e afetivo para o sujeito e o condicionam mais ou menos conscientemente ao longo de sua existência.

De fato, os arquétipos, tal como concebidos por Jung, foram comparados por muitos autores a estruturas míticas e contos populares, sugerindo, de fato, muitas semelhanças de significado com contos de fadas e mitos. Reciprocamente, há razões fundamentais no mito e nas religiões que são consideradas arquétipos. Em seu livro "Tipos Psicológicos", Jung afirma: "Os principais motivos mitológicos de todas as épocas e de todas as raças são provavelmente desse tipo (arquetípico)."

O quarto excluído.

Jung era um conferencista habilidoso, conseguindo de qualquer forma interessar o público mesmo quando não era formado por pessoas introduzidas no meio científico. Ao contrário da prosa freudiana, sem adornos e medida, Jung sabe expressar sua personalidade rica e culta mesmo nas obras mais técnicas ou sistemáticas. Neste capítulo me refiro principalmente a três de seus ensaios, apresentados na forma de palestras. O primeiro, "Os arquétipos do inconsciente coletivo", foi escrito em 1934 e revisado em 1954. O segundo, "O conceito do inconsciente coletivo", foi escrito em 1936.

A terceira obra, "A sincronicidade como princípio das conexões acasuais", publicada em 1952, é quase um compêndio da primeira e é aquela em que ele expressa plenamente sua teoria sobre a sincronicidade.

Jung estava muito relutante em publicar este ensaio, e somente em 1952 seu amigo e correspondente Wolfgang Pauli o persuadiu a fazê-lo.

Os dois colaboraram por mais de vinte anos por meio de uma intensa troca de ideias, justamente sobre essas questões.

De fato, apesar de ser um dos fundadores da física quântica, capaz de ganhar um Prêmio Nobel em 1945, Pauli compartilhava muito das ideias de Jung e gostaria que o ambiente científico pudesse superar a desconfiança, o ceticismo e o escárnio ao considerar a possibilidade de um caminho paralelo e de uma linguagem comum entre ciência e psique, que poderia ter permitido maior compreensão.

O confronto intelectual entre Jung e Pauli gerou pesquisas conhecidas como "o bairro excluído". De fato, o objeto de seus estudos tendia a resolver muitas das dúvidas levantadas pela física quântica quanto à completude do modelo da tríade da física clássica: tempo, espaço, causalidade; Jung e Pauli imaginaram um "quarto excluído" que recebeu o nome de sincronicidade.

Pauli ficou fascinado com a possibilidade de acrescentar o quarto elemento à tríade. Jung, por sua vez, ficou fascinado com os primeiros estudos de partículas subatômicas que começaram a revelar propriedades incríveis, como as de se transformar em ondas, ou desaparecer e aparecer em outros pontos remotos, ou comunicar a distâncias imensas por meio de misteriosas conexões não físicas. Ele via a física quântica nascente, e até mesmo a teoria da relatividade de Einstein, como possíveis confirmações científicas de seus conceitos psicológicos de sincronicidade e paranormalidade.

Pauli possuía uma intuição profunda (que, segundo ele, derivava muito de seus sonhos) e uma excepcional capacidade de pensar.

Em uma idade muito jovem, ele publicou um artigo sobre a teoria da relatividade que foi publicado pela Enzyklopadie der mathematischen Wissenschaften. Quando Einstein, o pai da teoria, a leu, comentou:

> "Quem estuda esta obra não acreditaria que ela foi escrita por um jovem de apenas vinte e um anos. Não sei o que mais admirar: a compreensão psicológica da evolução das ideias, a precisão das deduções matemáticas, a profunda intuição, a capacidade de apresentar o trabalho com lucidez sistemática, completude factual ou infalibilidade crítica".

Infelizmente, Jung, como todos os gênios, sempre se deparou com a frieza e a incompreensão de suas ideias mais originais por parte de seus colegas e de seu ambiente de trabalho. O seu arrependimento, e talvez o seu sofrimento por não poder, desde muito jovem, envolver até as pessoas mais próximas nas suas intuições, é evidente nas páginas de "Memórias, sonhos, reflexões", seu diário-confissão confiado à pena por Aniela Jaffe. Portanto, em seu amadurecimento, ele instintivamente tomou uma atitude relutante em tornar públicas suas teorias mais ousadas.

Foi Pauli quem superou suas reticências convencendo-o a publicar um livro em conjunto, no qual apareceram dois ensaios; uma do próprio Pauli intitulada "A influência dos arquétipos nas teorias científicas de Kepler" e a segunda, assinada por Jung, "A sincronicidade como princípio de conexões acasuais.

Arquétipos como imagens primordiais.

O livro publicado com Pauli representou a síntese de décadas de trabalho. A primeira vez que Jung usou o termo arquétipo remonta a 1919, por ocasião de um simpósio realizado em Londres.

> "No inconsciente também encontramos características que não foram adquiridas individualmente, mas herdadas, ou seja, instintos entendidos como impulsos para atividades que vêm, sem motivação consciente, de

uma coação interna. A estes se somam as formas existentes a priori, ou seja, congênitas, de intuição, ou seja, os arquétipos de percepção e compreensão, (...) intuição para formações especificamente humanas.

Os instintos e arquétipos da intuição formam o inconsciente coletivo".

Jung logo desenvolveu a convicção de que os arquétipos eram ideias externas à consciência individual, que sempre existiram e estavam intimamente ligadas aos mitos primordiais. O acontecimento que o levou a abraçar de forma convincente a tese da relação com os mitos é narrado por ele mesmo no ensaio "O conceito de inconsciente coletivo" escrito em 1936.

"Por volta de 1906 me deparei com uma ilusão delirante muito estranha, em um esquizofrênico paranóico que havia sido internado por muitos anos. O paciente sofria desde tenra idade e era incurável. Ele estudou em uma escola estadual e foi contratado como escriturário. Ele não tinha nenhuma inclinação particular e eu mesmo não sabia nada de mitologia ou arqueologia naquela época. Um dia encontrei o paciente na janela, balançando a cabeça e piscando para o sol. Ele me disse para fazer a mesma coisa, porque assim eu veria algo muito interessante. Quando lhe perguntei o que via, ele ficou espantado por eu não conseguir ver nada e disse: "Certamente você vê o pênis do sol... É claro que eu não entendia essa ideia estranha, mas tomei nota dela.

Cerca de quatro anos depois, então, durante meus estudos mitológicos, encontrei um livro do falecido Albrecht Dieterich, o conhecido filólogo, que esclareceu essa fantasia. A obra, publicada em 1910, trata de um papiro grego da Biblioteca Nacional de Paris. Dieterich acreditava ter descoberto um ritual mithriaco em uma parte do texto. O texto é, sem dúvida, uma prescrição

> religiosa sobre a implementação de certos feitiços nos quais Mitra é nomeado. (...) No texto lemos as seguintes indicações:
>
> "Inspire a partir dos raios, respire três vezes o máximo que puder e você se sentirá sendo levantado e andando para cima e sentirá que está no meio da região aérea ... Você verá o caminho do deuses visíveis através do disco do sol, que é Deus meu pai. Assim também você verá o chamado tubo, a origem do vento útil. Porque você verá algo como um tubo pendurado no disco do sol. Você verá isso em direção às regiões ocidentais, tão infinito quanto o vento soprando do leste. Se o outro vento for direcionado para as regiões orientais, você verá a inversão da visão nessa direção"
>
> (…) Ora, é absolutamente impossível que o paciente tivesse conhecimento de um papiro grego publicado quatro anos depois".

Jung considerou esse episódio como a primeira evidência de uma estreita relação entre os arquétipos que se materializam na mente humana e os símbolos das mitologias antigas.

O inconsciente coletivo.

O inconsciente coletivo é um conceito da psicologia analítica de Jung. Em oposição ao inconsciente pessoal que é individual, o inconsciente coletivo é compartilhado por todos os homens e deriva dos ancestrais comuns de toda a humanidade. Nesse sentido, representa um recipiente psíquico universal, ou seja, uma parte do inconsciente comum e compartilhada por toda a humanidade. Ele contém os arquétipos, ou seja, as formas e símbolos típicos de todos os povos de todas as culturas (fig. 14).

É importante notar que os arquétipos não derivam da experiência do indivíduo, mas existem a priori, como herança da experiência de toda a humanidade. Alguns costumam dividir o inconsciente coletivo segundo diferentes estratificações: a mais profunda deriva das raízes arcaicas do passado; a estratificação média contém os valores e costumes sociais do momento que está sendo vivido, e uma terceira estratificação contém as potenciais e possíveis evoluções futuras da humanidade.

Jung apresenta e defende sua teoria no ensaio "O conceito do inconsciente coletivo", publicado em 1936.

Ele introduz o conceito afirmando que o inconsciente pessoal deve sua existência à experiência pessoal e é essencialmente composto por conteúdos que foram conscientes, mesmo que tenham sido esquecidos ou removidos.

Por outro lado, os conteúdos do inconsciente coletivo nunca estiveram na consciência individual e, portanto, nunca foram adquiridos individualmente, mas devem sua existência exclusivamente à herança.

Consequentemente, diferencia os dois tipos de inconsciente referindo-se ao seu conteúdo: o inconsciente individual contém sobretudo complexos, o inconsciente coletivo, por outro lado, é formado essencialmente por arquétipos.

Jung defende sua ideia do arquétipo como uma forma preexistente, citando outros pesquisadores como Lévy-Bruhl que em seus estudos sobre a psicologia dos primitivos define os arquétipos como "representações coletivas". seus estudos de religião comparada definem os arquétipos "categorias da imaginação". Ele também cita Adolf Bastian que em seus estudos etnológicos define os arquétipos como "pensamentos elementares" ou "pensamentos primordiais".

Fortalecido por essas convergências científicas, Jung expõe sua tese, segundo a qual:

> "Além de nossa consciência imediata, que é de natureza inteiramente pessoal e que acreditamos ser a única psique empírica (ainda que acrescentemos o inconsciente pessoal como apêndice), existe um segundo sistema psíquico de natureza coletiva, universal e impessoal. , que é idêntica

Figura 14 - Os níveis de consciência segundo Carl Jung.
1. O subconsciente coletivo é comum a toda a humanidade
2 Os arquétipos vêm do subconsciente coletivo.
3-4 Cada indivíduo tem um inconsciente e uma consciência individual.

> em todos os indivíduos. Esse inconsciente coletivo não se desenvolve individualmente, mas é herdado. Consiste em formas pré-existentes, os arquétipos, que só podem tornar-se conscientes posteriormente e dar uma forma específica a certos conteúdos psíquicos".

Jung então passa a ilustrar o significado do inconsciente coletivo e começa referindo-se à psicologia terapêutica na visão de Sigmund Freud e Alfred Adler, que é de natureza exclusivamente pessoal e nega qualquer contribuição externa ou conexão com o indivíduo.

Jung destaca a contradição pelo fato de que, por mais individual que seja, essa visão também se refere a fatores que não são meramente individuais, como o instinto sexual ou a pulsão de autoafirmação.

Nem mesmo Freud ou Adler poderiam negar a existência de instintos existentes a priori e presentes tanto em humanos quanto em animais. Os instintos certamente não são componentes pessoais, mas universais e herdados da psique, e muitas vezes operam acima da consciência. Nesse sentido, os instintos apresentam analogias muito próximas com os arquétipos.

Consequentemente, segundo Jung, a hipótese da existência de um inconsciente coletivo não é mais ousada do que aquela que defende a existência de instintos. Com base nesse raciocínio, defende-se da acusação de misticismo que se dirige à sua teoria do inconsciente coletivo. Assim como os instintos são capazes de influenciar o pensamento, a consciência e a ação dos indivíduos de uma maneira completamente mística, os arquétipos do inconsciente coletivo também podem.

O processo de identificação.

No primeiro capítulo de sua obra "Aspectos do drama contemporâneo" Jung escreve o seguinte:

> "Os arquétipos são como leitos de rios abandonados pela água, que no entanto pode acolhê-la novamente após certo tempo. Um arquétipo é semelhante a um desfiladeiro de montanha em que a corrente da vida despejou há muito tempo: quanto mais cavou esse leito, quanto mais preservou essa direção, mais provável é que, mais cedo ou mais tarde, volte."

A psique é essencialmente composta por uma parte consciente (a consciência) e uma parte inconsciente, na qual podemos distinguir o inconsciente individual e o inconsciente coletivo.

A dinâmica entre as duas partes (consciente - inconsciente) é considerada por Jung como o motor que permite ao indivíduo enfrentar uma longa jornada visando à realização de sua própria personalidade.

A interação entre o consciente e o inconsciente gera um processo que ele chama de "individuação". Nesse caminho, o indivíduo encontra e se confronta com aspectos inconscientes (arquétipos) de sua própria personalidade: ao enfrentá-los, pode ampliar sua consciência.

O processo de individuação representa um caminho de integração e unificação dos complexos que compõem a personalidade, ou seja, uma aproximação progressiva do Ego com o Eu, por um caminho que conduz à consciência do Eu e à libertação do Eu. Ego de conflitos internos.

Jung acredita que a tarefa da psicanálise é estabelecer uma relação hierárquica entre "Ego" e "Self", considerando justamente que o primeiro é o todo e o segundo apenas uma parte. Essa relação deve permitir a retomada da reaproximação harmoniosa entre os dois, quando esta havia sido interrompida por uma neurose resultante de um enrijecimento das instâncias do "eu" em relação às necessidades individuais do Eu (daí o nome: processo de individuação).

A abordagem se dá por meio da decifração do significado dos símbolos que o indivíduo encontra ao longo de sua vida. Os símbolos podem ser encontrados tanto no mundo interno, através dos movimentos regressivos e progressivos da libido, quanto no mundo externo, graças aos episódios de sincronicidade. Portanto, as sincronicidades são uma ajuda valiosa no desenvolvimento do processo de individuação.

A esta luz, a individuação é fruto da colaboração contínua entre Consciência, Inconsciente, Eu e Self. O processo de individuação representa uma jornada espiritual em direção a uma maior autoconsciência. O progresso na jornada é reconhecível por suas etapas.

Primeira parada: o arquétipo da Sombra.

A primeira fase é caracterizada pelo arquétipo da Sombra, ou seja, todos aqueles aspectos que o indivíduo não conhece ou quer esconder sobre si mesmo, bem como tudo o que foi removido em função dos compromissos devidos à educação e influências do meio ambiente.

A Sombra representa a parte mais desagradável e negativa da psique; ela coincide até mesmo com os impulsos instintuais mais baixos, que geralmente se tende a reprimir. Representa também os vícios e inclinações que o indivíduo tende a negar que são seus, mas que, apesar disso, afetam seu comportamento e se manifestam com aspectos detestáveis de caráter ou com "tentações" que a parte consciente tenta ignorar.

Esse arquétipo pode se manifestar em sonhos e símbolos com figuras demoníacas, monstros e perseguições, pesadelos vividos no escuro.

Um arquétipo frequentemente citado junto com a Sombra é o de Persona.

A Pessoa (do latim, "máscara do ator") é um arquétipo que indica o papel que o sujeito desempenha no contexto social em que atua.

A pessoa é precisamente a máscara, a identidade de cobertura sob a qual agimos e graças à qual somos o que os outros gostariam que fôssemos e o que acreditamos ser.

Segundo estágio: o arquétipo da Anima ou do Animus.

A segunda etapa é caracterizada pelo encontro com o arquétipo da Anima (para o masculino) e do Animus (para o feminino). Apesar do nome que lembra a alma, não se refere a nenhum conceito de tipo religioso ou dogmático.

A imagem da Alma é projetada pelos homens nas mulheres, enquanto nas mulheres é o arquétipo correspondente, o Animus, que é projetado nos homens.

A Alma representa o contato com os aspectos psíquicos e mentais, que é a primeira aproximação de um indivíduo com sua psicologia, quase um rito de iniciação. É a porta que permite o acesso ao mundo transcendente.

É um arquétipo de grande comunicação porque apresenta muitas imagens inconscientes, cria mal-entendidos, constrói ilusões e consequentemente também crises.

Nesse sentido, o confronto com a alma é muito mais exigente do que com a Sombra; envolve entrar em territórios onde há risco de ser esmagado. Tudo o que a Alma toca torna-se numinoso, isto é, absoluto, perigoso, sujeito a tabu, mágico.

O Animus (componente masculino da mulher) representa aspectos tipicamente práticos e concretos, racionais e reais. Ele é representado em sonhos com a guerra, o ferreiro e símbolos semelhantes. Tem conteúdos de reflexividade, controle, análise, ponderação, racionalidade, cálculo, decisão, planejamento, distinção.

Esses dois arquétipos nos dão uma visão ampla de quão dual pode ser a psique.

Segundo Jung, cada arquétipo contém um aspecto da vida e seu oposto, entendendo-se que ambos têm seu próprio valor e seu lugar. Ao contrário, o pensamento de Freud está centrado na conflitualidade e na luta pela eliminação de um dos dois.

Segundo Jung, a dualidade da psique envolve submissão que supera o abuso e amor que supera o ódio. Uma colaboração harmoniosa também deve existir entre o consciente e o inconsciente.

A dualidade junguiana também se mantém válida em relação à diversidade de gêneros, pois a psique tem em si energias masculinas e femininas, e todo homem tem um lado feminino, assim como toda mulher tem um lado masculino. É óbvio que cada um tem uma energia dominante, mas apesar disso abriga, ainda que em segundo plano, também a oposta.

Nos baixos-relevos dos templos indianos, o masculino e o feminino são representados como um homem e uma mulher abraçados; alegoricamente são duas figuras universais. A unidade inicial dos dois gêneros transparece também nas narrativas religiosas ou míticas, onde lemos que Eva nasce de uma costela de Adão e Atena sai da cabeça (ou bezerro) de Zeus.

Terceiro estágio: o arquétipo do "Velho Sábio".

A terceira etapa corresponde ao encontro com o arquétipo do "Velho Sábio", que pode ser entendido como a figura masculina paterna, espelhando o arquétipo da Grance Madre. O Velho Sábio contém toda a experiência do indivíduo, e com ela toda a sua capacidade de raciocinar e prever. Representa a meta transformadora que se está alcançando depois de se confrontar com os arquétipos das fases anteriores. É a condição em que se torna capaz de avaliar o passado, presente e futuro. O Velho Sábio é retratado como um filósofo capaz de aconselhar.

A "Grande Mãe" representa o objetivo final da psicologia feminina. Na psicologia junguiana é um arquétipo de grande e ambivalente poder, ao mesmo tempo destruidor e salvador, que nutre e devora. Está revestido de sacralidade, de modo a ser um dos poderes numinosos do inconsciente.

Quarto estágio: o arquétipo do Self.

O arquétipo do Self é o motivo final do processo de individuação, ou seja, a razão de ser do indivíduo, que se revela a ele e se abre diante dele como uma flor desabrochando.

É representado como luz, quaterna, centro das coisas. Seu símbolo pode ser a mandala, figura que na tradição religiosa budista e hindu representa o cosmos e é pintada em tecido ou com afrescos nas paredes dos templos.

O Self representa o próprio indivíduo, com toda a experiência e conhecimento que acumulou em seu caminho de individuação. Quando o indivíduo encontra o Self, significa que as neuroses foram derrotadas e a harmonia interior foi alcançada.

Portanto, o Self é a meta, a culminação da realização da personalidade, um ápice no qual todos os aspectos conscientes e inconscientes do indivíduo convergem e se unem.

Outros arquétipos clássicos representam imagens universais que expressam simultaneamente positividade ou negatividade: a Água, o Número, o Herói, o Mago, o Rebelde, o Soberano, o Inocente, o Apolo, inúmeras figuras da religião, etc.

Quando os arquétipos se referem a figuras míticas, religiosas ou lendárias, são chamados por Jung de "poderes numinosos", retomando um termo já cunhado por Rudolf Otto, teólogo e historiador das religiões alemão.

Jung e a alquimia: individuação e Opus alchemicum.

O último livro escrito por Jung em 1956 intitula-se "Mysterium Coniunctionis" e trata do arquétipo de mesmo nome, que se refere ao casamento sagrado ou "alquímico" entre o Sol e a Lua. Jung concentrou-se na alquimia em muitas de suas obras, tentando destacar o significado de "Opus alchemicum" (trabalho alquímico) como uma busca espiritual.

Sua pesquisa visava descobrir as analogias existentes entre os processos alquímicos e aqueles relacionados à esfera psíquica. Em particular, analisou as fases pelas quais se daria o trabalho alquímico, ou seja, o procedimento para a obtenção da pedra filosofal. Esse processo envolve algumas etapas, que originalmente eram quatro:

- Nigredo ou escurecimento, associado ao elemento terra.
- Albedo ou branqueamento, associado ao elemento água.
- Citrinitas ou amarelecimento, associado ao elemento ar.
- Rubedo ou vermelhidão, associado ao elemento fogo.

Esses quatro estágios corresponderiam ao processo psíquico de individuação.

Em particular, o primeiro estágio de identificação, ou seja, a comparação com o arquétipo da Sombra, encontraria correspondência na fase do processo alquímico chamado nigredo.

Nigredo é um termo latino que significa "cor preta" ou "negritude". Marca a Fase Negra do Opus, o início do caminho de criação da pedra filosofal. É o estágio de putrefação e decadência. Este é o momento mais delicado, simbolizado por um corvo negro. Nesta fase todos os ingredientes devem ser deixados a morrer, macerando-os e cozinhando-os durante muito tempo até formar uma massa escura.

A segunda etapa, que é o encontro com a Anima ou Animus, encontraria correspondência na fase Opus do a "albedo", termo latino que significa "brancura". Esta fase é simbolizada por um cisne branco e é chamada de Opera al Bianco. Consiste na purificação da massa informe resultante do nigredo, para lavar as impurezas e prepará-la para a próxima fase. Em linguagem química corresponde à destilação. Metaforicamente, com esta passagem a alma se liberta dos laços da carnalidade.

A terceira etapa, que é o encontro com o Velho Sábio, encontraria correspondência na fase do processo alquímico chamado Citrinitas.

Na verdade, esta fase foi muitas vezes considerada como parte do albedo, enquanto outras tradições preferem considerá-la como uma fase por si só.

Citrinitas é a fase de amarelecimento ou queima da matéria do Opus. Sua cor é o amarelo citrino, símbolo de vontade e consciência dinâmica. Da putrefação inicial foi obtido um composto destilado, destinado à sublimação.

A quarta etapa, da individuação que é o encontro com o arquétipo do Self, encontraria correspondência na fase do Opus chamada Rubedo.

O termo latino rubedo pode ser traduzido como "vermelhidão". Representa a Fase Vermelha e é a conclusão da transmutação química, que deve coincidir com a realização da pedra filosofal capaz de converter metais básicos em ouro. Rubedo ocorre por efeito do fogo, ou seja, do Espírito. Seus símbolos são a fênix, a rosa vermelha, o ovo, um rei coroado.

Rubedo também tem outros valores simbólicos, ligados ao fato de que o vermelho na tradição alquímica representa a cor intermediária entre o preto e o branco. Portanto, representa a conjunção dos opostos e a união entre espírito e matéria ou entre masculino e feminino.

Finalmente, assim como a nigredo correspondia ao corpo físico do alquimista e o albedo à sua alma, o rubedo corresponde ao seu espírito, isto é, à parte mais elevada dos três constituintes do ser humano.

Sincronicidade.

É na região do coração que ocorre o reconhecimento espontâneo das conexões, que a mente muitas vezes só compreende mais tarde. Essas conexões eram a princípio quase inexplicáveis mas percebidos com absoluta certeza eles são definidos como sincronicidade,
ou coincidências, ou simplesmente milagres.
(Ruediger Schache, Conselhos do Coração)

Jung expõe plenamente sua teoria sobre a sincronicidade no ensaio "A Sincronicidade como Princípio das Conexões Acausais", iniciando seu raciocínio definindo os conceitos de causal - acausal.

Jung começa sua exposição enfatizando como o conceito subjacente às leis da natureza é que todo evento é devido a uma causa. No entanto, isso nem sempre é verdade; existem eventos na natureza que não estão ligados uns aos outros por relações de causa e efeito e, portanto, devem ser interpretados de forma diferente.

Seria um empreendimento fútil procurar esses eventos no mundo macrofísico, mesmo porque seria impossível dar-lhes uma explicação. Vamos imaginar uma bola de bilhar se movendo sem nenhum empurrão. A bola não recebeu o impacto de outra bola, o impulso do vento, não está em um plano inclinado. O fato não seria crível. nem mesmo se muitas testemunhas o dissessem.

É uma confirmação do conceito de determinismo, segundo o qual todo fenômeno ou evento físico é necessariamente determinado por outro fenômeno ou evento que aconteceu anteriormente.

Para que um fenômeno seja levado em consideração, não basta um único testemunho, são necessários muitos: apesar disso, o fenômeno continuará sendo negado na ausência de repetibilidade, ou seja, da possibilidade de reproduzi-lo normalmente. A repetibilidade deve ser possível sob quaisquer condições semelhantes.

Às vezes, porém, até mesmo um fenômeno raro pode ser levado em consideração, como acontece na biologia, onde um único espécime de uma espécie desconhecida torna crível a existência de toda a espécie.

A pergunta que Jung se faz é: existe, de maneira absolutamente geral, a possibilidade de obter a confirmação de eventos incausados =? Existe uma série de eventos injustificados? Sua resposta é positiva. Jung refere-se ao mundo do "acaso", no qual os eventos não parecem ligados por relações causais com outros eventos.

Quando falamos sobre o caso costuma-se argumentar que mesmo os eventos definidos como "aleatoriedade" ou "coincidências" podem ser explicados, quando esses eventos não podem ser atribuídos a uma causa, depende apenas do fato de não ser conhecida.

Mas, continua Jung, o princípio segundo o qual todo evento deve ter uma causa é relativo, ou seja, só se aplica ao contexto da realidade macrofísica, aquela em que vivemos. Consequentemente, embora admitindo que a grande maioria dos eventos deve ter uma causa, isso não exclui que alguns eventos possam ser sem ela.

Entre a grande maioria dos eventos ligados a uma causa, os raros casos em que não existe causa podem ser rastreados até onde, após um exame cuidadoso, uma relação causal parece impensável. Aqui Jung dá um exemplo:

> "Se sou forçado a descobrir que meu bilhete de bonde tem o mesmo número do bilhete de teatro que compro imediatamente depois, e se durante a mesma noite ainda recebo um telefonema no qual esse mesmo número é nomeado como meu número de telefone, um relação me parece muito improvável, e mesmo a fantasia mais ousada não me permitiria pensar que uma relação pode existir, embora cada caso tomado por si mesmo tenha sua causa evidentemente.

É óbvio que todas as coincidências podem ser como alvos atingidos por acaso, mas essa teoria pode se sustentar desde que não exceda um nível razoável de probabilidade. Quando esse limiar é ultrapassado é evidente que o complexo de coincidências se torna inexplicável e não pode ser referido a nenhuma causa.

Jung admite a possibilidade de que, no entanto, um agrupamento de coincidências possa ser devido apenas ao acaso.

No entanto, pode haver grupos de coincidências que assumem um valor diferente e altamente significativo para quem é o protagonista. São os casos em que o sujeito envolvido consegue conectar as coincidências, dando-lhes sentido.

A ocorrência desses grupos de coincidências contém um componente numinoso, isto é, misterioso, sagrado, que os torna significativos, e quando isso acontece Jung dá ao grupo o nome de sincronicidade.

Ao ilustrar coincidências significativas, Jung as agrupa em três categorias.

A primeira prevê que há uma ligação entre um estado psíquico do sujeito e um acontecimento contemporâneo e objetivo, que corresponde ao estado psíquico. Um exemplo é o episódio narrado pelo próprio Jung: enquanto uma paciente lhe contava que havia sonhado com um besouro, um inseto daquele tipo esbarrou na janela do escritório.

A segunda categoria de coincidências significativas prevê que há uma ligação entre o estado psíquico de um sujeito e um evento externo, que ocorre em outro lugar, mas pode ser verificado posteriormente. Os inúmeros testemunhos de sonhos que anunciam a morte de uma pessoa, que então se descobre ter ocorrido ao mesmo tempo que o sonho, podem ser usados como exemplos.

A terceira categoria prevê que há uma ligação entre o estado psíquico do sujeito e um evento que ainda não ocorreu, mas que acontecerá no futuro. Por exemplo, pode acontecer de você pensar de repente em uma pessoa que perdeu de vista e encontrá-la no dia seguinte.

Nos três casos, fica evidente a necessidade da existência de um estado psíquico que permita ao sujeito interceptar os sinais que anunciam o evento, dando-lhes um sentido e motivando em si aquela carga de expectativa que coincidirá com a realização do evento. em si.

Infelizmente, os sinais que poderíamos definir premonitórios são muitas vezes ignorados, por mais numerosos que sejam, porque estamos naturalmente acostumados a ver o mundo de acordo com os parâmetros da macrofísica determinista e a considerar distraidamente eventos inusitados e estranhas coincidências, rebaixando-os a casos sem importância.

Nascimento de uma sincronicidade.

Em seu artigo "Synchronicity as a Principle of Acausal Connections" publicado em 1952, Jung cita um exemplo de sincronicidade:

> "Para citar um exemplo entre muitos, anotei o seguinte caso datado de 1° de abril de 1949. Hoje é sexta-feira. Temos peixe para o almoço. Todos se lembram en passant do uso de "April Fool". Durante a manhã escrevi uma inscrição: "Est homo totus medius piscis ab imo". À tarde, uma ex-paciente que eu não via há meses me mostra algumas imagens particularmente sugestivas de peixes, que ela pintou nesse meio tempo. À noite eles me mostram um bordado representando monstros marinhos em forma de peixe. No dia 2 de abril, no início da manhã, uma ex-paciente que eu não via há vários anos me conta um sonho em que, encontrando-se na margem de um lago, vê um grande peixe nadando decididamente por sua vez e "terra" , por assim dizer, a seus pés. Neste período estou ocupado com pesquisas sobre o símbolo histórico do peixe. Apenas uma das pessoas mencionadas acima sabe. Há uma suspeita óbvia de que, neste caso, pode ser uma coincidência significativa, um relacionamento casual. Devo admitir que essa concentração me impressionou. Para mim, tinha um certo caráter numinoso. Nesses casos é notoriamente dito: "Não pode ser puro acaso!". Os peixes muitas vezes surgem como símbolos de conteúdo inconsciente."."

Figura 15 - Vamos imaginar que o quadrado pontilhado encerra um período da vida de uma pessoa, ao qual nos referimos como Filipe. Um dia, uma semana ou mais. Cada ponto representa um dos inúmeros eventos ocorridos nesse período.

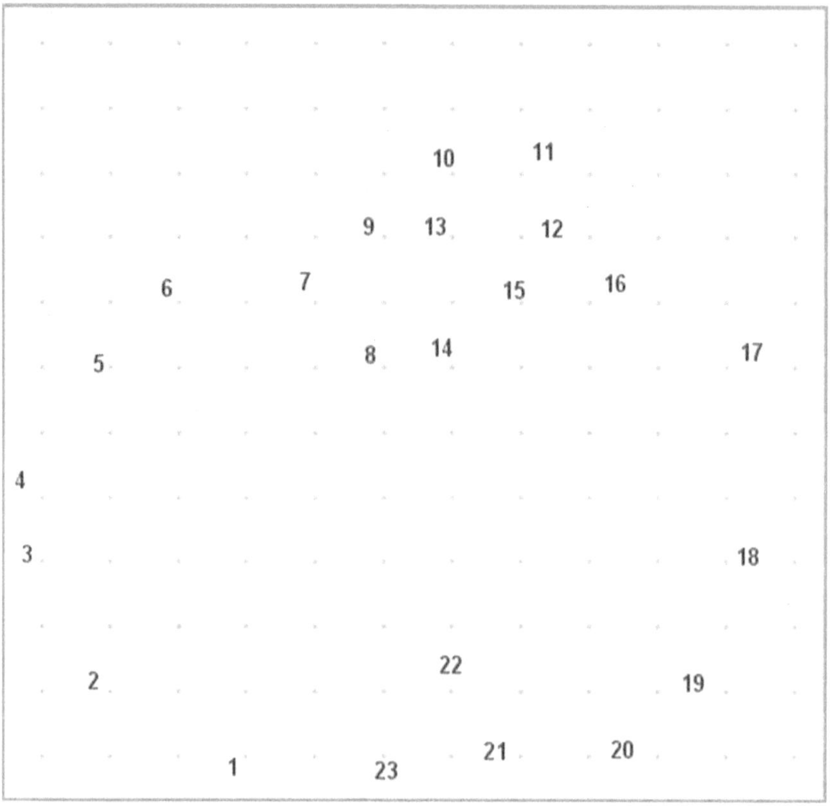

Figura 16 - Claro que alguns episódios são mais relevantes do que outros. Depois, há alguns (aqueles destacados em negrito) que assumem um valor particularmente significativo para Philip, mesmo que ele mesmo não consiga explicar as razões.

Na linguagem da psicologia da forma, significação é a qualidade que distingue as coisas das não-coisas, a cena central do fundo, as ações relevantes que compõem formas e contornos não relevantes.

Poderíamos dividir as percepções em fotografias e filmes, para sugerir que não existem apenas percepções instantâneas, comparáveis às fotos. Muitas vezes percebemos algumas situações mais estruturadas, com seu próprio timing, eventos complexos que se destacam no pano de fundo de outros eventos, como acontece em filmes em que a ação central capta toda a atenção em detrimento do contorno.

Neste caso, estamos falando de eventos, circunstâncias, coincidências significativas, cada uma com seu próprio significado. Todos juntos contribuem para a construção de uma forma mais complexa, composta por clipes de filmes, cada um independente do outro, mas dotado de uma natureza simbólica relacionada aos acontecimentos e necessidades de nossa vida. Neste caso, estamos falando de sincronicidade.

Provavelmente o método mais simples para explicar o que é uma sincronicidade é simular o processo pelo qual ela é construída, ou seja, ela toma forma na consciência de um indivíduo.

Imaginaremos, portanto, reconstruir as passagens pelas quais uma sincronicidade poderia surgir e se efetivar na consciência de um amigo, a quem atribuímos o nome convencional de Filipe.

Felipe e seu casamento.

A Figura 15 encerra simbolicamente em uma área delimitada (um quadrado) um período de tempo da vida de Filipe, aproximadamente uma semana. Cada ponto delimitado na área representa um dos inúmeros acontecimentos que o envolveram nesse período, desde amarrar os sapatos de manhã até apagar a luz e ir para a cama à noite. Cada ponto tem sua importância, mas com certeza alguns eventos são mais relevantes do que outros, como por exemplo, pode ser um elogio recebido no trabalho comparado a jogar um lixo na lixeira.

No entanto, existem algumas situações que permanecem particularmente gravadas na mente de Felipe, mesmo que ele não consiga explicar o porquê. Esses são eventos que não estão conectados entre si nem têm qualquer conexão com o curso normal de seu dia.

Eles são simplesmente como flashes que deslumbram a mente como podem deslumbrar os olhos. Como você sabe, o efeito de um flash leva algum tempo para liberar o olho do desconforto, e assim também a estranha sensação despertada por alguns eventos continua a piscar na mente, sem motivo específico.

Nas figuras 16 e 17 quis representar tudo como se fosse o famoso jogo "Ligue os pontos".

De fato, Felipe deve se esforçar para conectar fatos estranhos, sonhos e coincidências entre si para dar sentido a eles, ou seja, construir uma forma que dê um significado comum a eventos que aparentemente nada em comum deveria ter.

A noite entre segunda e terça Felipe tem um sonho estranho. Ele está localizado em uma ilha no Oceano Pacífico e está envolvido em uma festa organizada pelos moradores. Muitos dançam, outros tocam instrumentos característicos do lugar e outros ainda oferecem coroas de flores, tudo num clima de serena alegria. Uma jovem se aproxima de Felipe e coloca em sua cabeça uma coroa de flores brilhantes e perfumadas, que repousam em seus ombros e descem em seu peito. De repente, enquanto participava do clima festivo, Felipe abaixa o olhar e vê um pequeno inseto que escorrega do cálice de uma flor e começa a roer suas pétalas. Logo depois, outros insetos aparecem e atacam todas as flores da coroa, que rapidamente murcham e apodrecem. O sonho está se transformando em pesadelo; Felipe acorda assustado e percebe que teve apenas uma experiência desagradável de sonho, mas a imagem das belas flores apodrecendo sob seus olhos permanece viva em sua consciência.

No dia seguinte, ele descobre que um documentário sobre a organização militar do Império Romano está sendo transmitido em um canal de TV que ele não costuma acompanhar. Ele sempre se interessou pela história da Roma antiga, então decide seguir o show. O filme apresenta a organização de um "castrum". O castrum era o acampamento que cada legião tinha que construir em poucas horas ao final de um dia de marcha. A princípio, os militares cavaram um fosso e construíram uma paliçada dentro dele. Dentro da paliçada O terreno era dividido pela "Via Principalis" e pela "Via Praetoria". As tendas do comando, oficiais e soldados foram colocadas nos diversos setores. No final da construção, o comandante ofereceu um sacrifício aos deuses para proteger o acampamento recém-erguido.

"Que estranho, - Felipe pensa, - eles ofereciam sacrifícios em todas as ocasiões, então por que em um acampamento tão bem organizado eles também não ergueram um pequeno templo para os deuses?".

Esse pensamento o surpreende: ele nunca imaginou que se preocuparia em construir um templo religioso. Filippo quer deixar o pensamento de lado, mas este volta insistentemente a girar em sua cabeça.

A terceira curiosa coincidência ocorre depois de alguns dias, enquanto ele está trabalhando no escritório, e ele se vê às voltas com um marcador que, tendo ficado muito tempo sem tampa, não quer escrever. Impaciente, ele joga no lixo. Guido, um colega, intervém e lhe diz:

"Não jogue fora, dê para mim. Com um pouco de paciência vou mandar reescrever e vou usar para os anúncios para colocar no quadro de avisos do clube".

Guido, aliás, é secretário e faz-tudo do clube de boliche que ambos frequentam e onde, devido aos escassos recursos, tende-se a economizar em tudo.

Claro, Felipe não tem nada contra, mas ele fica impressionado com a imagem do quadro de avisos do clube onde somos reduzidos a escrever com marcadores recuperados.

Em poucos dias, incompreensivelmente, Felipe foi atraído por uma série de fatos curiosos e completamente desconexos. Ele começa a se perguntar se tudo isso faz sentido. Flores frescas doadas em uma festa que logo são arruinadas por parasitas, um templo pagão que o preocupa com sua falta, um quadro de avisos no qual ele escreve com marcadores de estoque.

De repente, como num relâmpago, o elo comum literalmente explode na mente de Felipe.

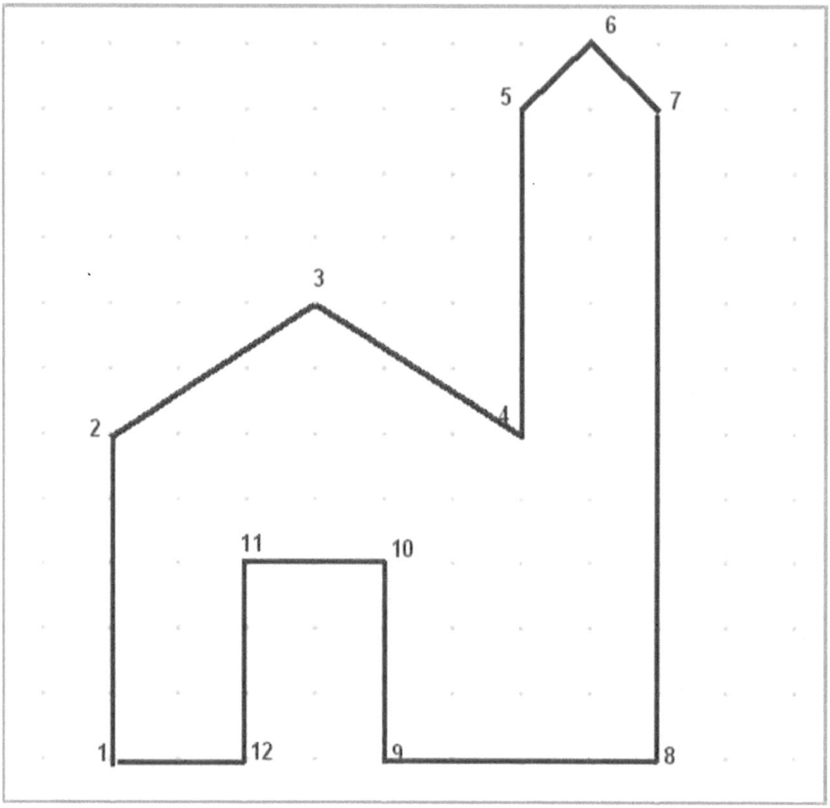

Figura 17 - Coincidências significativas possibilitam a materialização de uma "forma" na consciência de Felipe, como poderia acontecer no jogo "Ligue os pontos".

O denominador comum é uma igreja, é claro. Não qualquer um, mas a igrejinha onde ele se casou. As flores são as da cerimónia, o templo é a própria igreja, o quadro de avisos é o dos anúncios de casamento.

Na nossa metáfora do jogo "Ligue os Pontos", como pode ser visto na figura 17, Filipe liga os pontos e obtém a forma da igreja, que imediatamente identifica como aquela em que se casou.

Ainda não é suficiente, a igreja é simplesmente um símbolo, a soma de muitos símbolos.

Felipe deve entender a mensagem que está escondida por trás desses símbolos: as flores que são atacadas por insetos e apodrecem, o templo votivo que não está lá, o marcador de estoque. Tudo isto ligado à igreja onde começou a sua aventura matrimonial, faz com que compreenda que a sua vida de casal sofreu alguns desleixos e o seu casamento está a passar por um momento difícil. Tudo isso aconteceu enquanto ele, que estava ocupado com o trabalho e as tarefas diárias, não percebeu.

Se Felipeconseguir decifrar a sincronicidade da qual foi protagonista, provavelmente conseguirá colocar seu casamento de volta nos trilhos.

Mateus e a frequência do número 31.

O segundo exemplo que apresento baseia-se na frequência incomum com que um número pode chamar nossa atenção. Falaremos sobre Mateus e seus repetidos encontros com o número 31.

Numa pálida manhã de outono, Matteo, o gerente de vendas de sua empresa, estava planejando encontros com vários clientes. Ele havia deixado a mais importante por último, a do Dr. Corradini, gerente de compras de uma empresa com um faturamento de grande interesse, mas de caráter hostil e às vezes desagradável. Matteo sempre se sentia desconfortável com os vários contatos de negócios que tinha que ter com ele. Com um suspiro, ela pegou o fone e ligou para ele. O doutor Corradini mostrou-se extraordinariamente afável naquele dia, de modo que a entrevista logo terminou com a marcação de um encontro.

- Então doutor, podemos nos encontrar no dia 31? - Matteo propôs.

- Por tanto tempo? - Corradini objetou.

- Bem, é o final do mês, uma semana para ir.

- Mas olhe, você está errado. Estamos em novembro, o que leva 30 dias. Qual calendário você está usando? O asteca?

Matteo ficou confuso por um momento, então se sentiu afundando. Que erro, e precisamente com Corradini! Ele murmurou algumas desculpas e marcou o encontro para 30.

O episódio, no entanto, o deixou perturbado. Como ele poderia ter confundido tanto a data de um compromisso importante? Era óbvio que novembro tem 30 dias. A conhecida canção de ninar também o diz: "Trinta dias tem novembro, com abril, junho e setembro...". E então, ele tinha a agenda aberta na mesa. Como ele poderia ter inventado aquele maldito 31, expondo-se à ironia do interlocutor?

Pelo resto do dia de trabalho Matteo não conseguiu terminar muito, com aqueles 31 que o atormentavam.

Finalmente chegou a hora da saída e Matteo pegou a rua para ir até o ponto de ônibus, onde esperaria o ônibus 218 que o levaria para casa. Mas aqui ele encontrou uma placa: "Porque o trabalho no ônibus 218 está temporariamente suspenso. Alternativamente, os viajantes podem pegar o ônibus 31 que percorre a Via Zanardelli".

Se ele pensou que se livrou do número 31, Matthew estava errado. Ele pegou este novo veículo que de qualquer forma o levou para perto de sua casa, mas antes de subir para a casa ele foi até a lavanderia para pegar algumas peças de roupa.

Pina, a dona da lavanderia, marcou suas roupas com o recibo.

- São 33 euros.

Matteo não era mesquinho, mas gostava de barganhar sempre que possível.

- Tanto? 33 euros? Vamos Pina, tive um dia ruim, me faça pagar 30 euros.

- Está brincando, Sr. Matteo? Eu te mostraria a conta de luz que chegou hoje! E então o governo inventa um novo imposto todos os dias. Olhe, Sr. Matteo, não posso fazer nenhum desconto no preço.

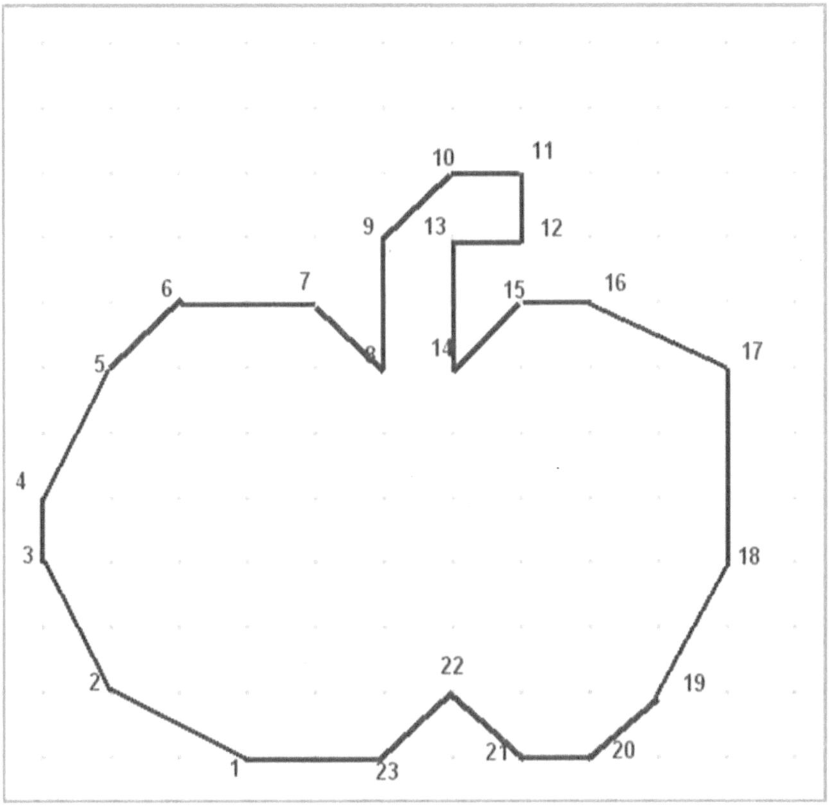

Figura 18 - O jogo "Ligue os pontos" como metáfora da sincronicidade que envolve Matteo e, através do simbolismo da abóbora, leva-o a centrar a sua atenção nas festas de Halloween da sua juventud.

No entanto, só desta vez, só posso cobrar 31 euros. Mais eu não posso tirar, acredite!

Matteo pagou e saiu. Só quando voltou para a rua percebeu que o número 31 havia entrado novamente em sua vida.

Durante toda a noite ruminava aquela estranha insistência do número 31. Quando se deitou, descobriu que não conseguia dormir..

A figura ruim com Corradini queimava de uma maneira particular.

Matteo foi afetado pela ironia de sua resposta:

"Mas que calendário você usa? O asteca? ".

Sim, novembro tem 30 dias. Talvez tenha confundido com o mês anterior, outubro, que traz 31.

- 31 de outubro. O que me lembra essa data? - Matteo disse para si mesmo.

Claro, Dia das Bruxas! (Fig. 18)

Ele começou a pensar nas noites de Halloween passadas com seu amigo Fulvio. Todos os anos, na noite de Halloween, os dois colocavam uma grande abóbora vazia com uma vela acesa dentro, na boca de uma ponte. Então eles esperaram pelos transeuntes, soltando gritos e gargalhadas para assustá-los.

Fulvio era alguns anos mais velho que ele e era um verdadeiro mestre em roubar a abóbora mais adequada no campo circundante.

A mente de Matthew vagou por essas memórias por um longo tempo. Fazia muito tempo que não tinha notícias de Fulvio. Quem sabe como ele estava?

Ele olhou para o relógio. Não era tarde demais para fazer um telefonema. De um velho diário ele pegou o número de Fulvio e ligou para ele.

O fone de Fulvio tocou com uma potência incrível no silêncio de sua casa. Ele, sentado em sua mesa, estava pasmo. O telefone tocou novamente, peremptório, arrogante.

Fulvio colocou a pistola que segurava na mão direita sobre a mesa e pegou o fone.

- Oi velho, como você está? Você me conhece? Eu sou Matteo.

Ele ficou pasmo. Afastou o papel e a caneta à sua frente e respondeu:

- Claro que te reconheço. Por que você pensou em me ligar?

- Bem, pensei que não nos víamos há muito tempo e seria bom nos encontrarmos para trocar algumas ideias. O que você diz, isso pode ser feito?
Fulvio olhou para o fone, como se estivesse atordoado. Ele não estava mais sozinho, alguém havia pensado nele, o anjo da noite tinha vindo para lhe estender a mão. De repente, sua solidão parecia menos avassaladora, e todo um filme de decepção e amargura rebobinou em sua mente, trazendo-o de volta ao ponto em que a encruzilhada entre esperança e desespero ainda era viável, a escolha poderia ser meditada novamente. Sim, o pé na beira da ravina ainda pode ser puxado para trás. Uma nova decisão era possível.
Fulvio decidiu com a velocidade de um relâmpago. Ele pegou a arma e a colocou de volta na gaveta.
"Claro que pode ser feito, meu amigo... sim, meu amigo, certamente pode ser feito, vamos nos encontrar!".
A história de Matteo e Fulvio termina aqui. Ninguém jamais saberá que Fulvio foi salvo naquela noite graças a uma série de estranhas coincidências que envolveram Matteo, todas ligadas ao número 31.
Ninguém jamais saberá qual procedimento (certamente não lógico) levou Matteo a transformar algumas referências genéricas ao número 31 em uma data significativa, a recorrência do Halloween, chegando então à decisão de entrar em contato com seu amigo de infância.
Ninguém saberá quantas outras histórias como essa realmente aconteceram.

O número, o arquétipo da ordem.

"Nem tudo o que pode ser contado conta
e nem tudo que importa pode ser contado."
(Sinal manuscrito no estúdio de Einstein)

Números e sincronicidade.

As coincidências numéricas conseguem fascinar a todos, especialmente quando se repetem regularmente em um curto período de tempo, mesmo em situações diferentes: na mesma hora, no mesmo número da casa, no mesmo número de reserva etc. Muitos ficam impressionados com isso, mas nem todos acreditam que há um significado ou tentam descobrir.

A repetição do mesmo número muitas vezes esconde uma mensagem muito pessoal, que deve ser intuída cavando nas dobras do inconsciente. O significado simbólico intrínseco do próprio número, segundo tradições antigas, pode auxiliar nesta pesquisa. Através de uma alegoria numérica podemos ser protagonistas de uma sincronicidade que busca revelar um conteúdo de origem misteriosa, talvez divina.

A prática de estabelecer coincidências significativas com base em números está enraizada na história mais remota do homem. Podia-se contar o número de pássaros no bando, o número de pedras da mesma forma ou cor, o número de plantas na mesma clareira. O próprio número é particular e misterioso, ou seja, segundo Jung, tem um significado sempre numinoso, estranho, divino.

Alguns professores de matemática instruíam seus discípulos da seguinte maneira: se pegarmos qualquer grupo de objetos e despojá-los de todas as propriedades como peso, forma, tamanho e assim por diante, apenas uma não seremos capazes de eliminar: seu número. O número é uma quantidade inevitável.

Há uma estreita relação entre número e sincronicidade, porque ambos são revestidos de sacralidade e mistério. O número está sempre presente em qualquer sincronicidade, em qualquer forma: quantidade, data ou outra; muitas vezes está escondido sob expressões como "muito", "pouco", "muito grande", "infinito".

Cada objeto pode ser considerado em sua unidade ou em sua multiplicidade. É o número que estabelece uma ordem precisa, pois cria hierarquia, ordem, coerência, organização, enfim, clareza..

O número é considerado um dos principais arquétipos, e Jung o define como o arquétipo da ordem.

Figura 19 - O Tetraktys ou número quaternário representava para os pitagóricos a sequência aritmética dos quatro primeiros números naturais, ou mais precisamente inteiros positivos.

Na verdade, cria disciplina no caos; ela nos permite estabelecer e apreender uma regularidade que existe a priori de nosso exame, mesmo quando, na verificação inicial, ela estaria ausente.

O número é então o elemento que cria ordem no espírito desde os primórdios da humanidade, portanto o mais próximo e o mais intuitivo para a inteligência humana. Um exemplo pode ser representado pelos desenhos de mãos encontrados em cavernas paleolíticas. Juntamente com pinturas de bisões, cavalos, rinocerontes e outras espécies animais, também foram encontradas impressões de mãos feitas com ocre amarelo ou vermelho. As mais conhecidas são aquelas localizadas na "Cue-vas de las manos pintas" (Caverna das mãos pintadas) localizada na Patagônia, no Rio Chubut.

A datação traça essas impressões de mão até pelo menos 14.000 anos atrás. São mãos com dedos bem abertos. Para além da mensagem que o artista queria transmitir, e que, segundo os antropólogos, provavelmente nunca saberemos, a representação do número cinco é muito evidente aos olhos. Como costuma acontecer e como sugere a Navalha de Occam, a interpretação mais simples e direta costuma ser a mais correta.

Na tradição mais antiga, todos os números assumiram um significado místico e uma sacralidade que ainda hoje se conserva; em particular, acredita-se que todos os números de 1 a 9 são "sagrados".

A Tetraktys dos Pitagóricos.

Pitágoras, filósofo e matemático grego que viveu no século VI. AC, ele pretendia que a matemática fosse a ciência capaz de colocar ordem no aparente caos do mundo. Fundou uma escola em Crotone; para serem admitidos os alunos tinham que jurar pelos Tetractys: "Juro-o, por aquele que transmitiu à nossa alma os Tetractys em que se encontram a fonte e a raiz da natureza eterna...".

O Tetraktys representa a sequência aritmética dos primeiros quatro inteiros positivos (Fig. 19). Esses números estão dispostos na forma geométrica de um triângulo equilátero de lado quatro, formando assim uma pirâmide que resumia a relação entre eles e dez.

De fato, de acordo com a chamada soma teosófica, 1 + 2 + 3 + 4 = 10. Por sua vez, 10 refere-se à unidade somando 1 + 0 = 1.

Os princípios co-smogônicos e os quatro elementos da natureza correspondem aos quatro níveis do Tetraktys.

A seção dourada.

Alguns números são realmente especiais, como o número 1.618, por exemplo. Este valor indica a proporção ideal (observe, por exemplo, a proporção entre largura e altura de um porta-retratos padrão) e sua fórmula é:

$\sqrt{5} + 1) / 2 = 1{,}618 \ldots$

Normalmente é indicado com a letra grega Fi Φ e é chamado de Número Áureo, ou Proporção Áurea, ou Seção Áurea, ou Constante de Fídias. Platão, que o menciona em sua obra Timeu, fala dele como a chave física do Cosmos. Na Idade Média, a proporção áurea foi retomada por Leonardo Fibonacci de Pisa, pela qual hoje é conhecida especialmente como a série Fibonacci (fig. 20).
A série de Fibonacci é uma sequência de inteiros positivos em que cada número começando com o terceiro é a soma dos dois anteriores e os dois primeiros são por definição iguais a 1.
Portanto, a série é representada por números:

1, 1, 2, 3, 5, 8, 13, 21, 34, 55, 89.144, 233, 377, 610...

e pode continuar indefinidamente. De fato, a intenção de Fibonacci ao elaborar esta série era encontrar uma lei matemática que descrevesse o crescimento de uma população de coelhos. Ele não imaginava que descobriria uma das maravilhosas regras naturais do Cosmos. De fato, a série Fibonacci está presente em praticamente todos os elementos da natureza e revela um projeto de incrível elegância.

A relação entre o comprimento do braço e o antebraço de um homem adulto é "dourada", assim como entre o comprimento da perna e sua parte inferior. A mesma proporção áurea também é encontrada entre as falanges dos dedos médio e anular.

As propriedades matemáticas e geométricas da seção áurea que se repetem com incrível constância nos mais diversos contextos naturais são a confirmação da existência de uma estreita relação entre uma "entidade criativa" e a criação. O acaso certamente não teria levado a tal regularidade de perfeição e beleza.

Quando o número revela um conteúdo como a seção áurea, revela-se instrumento e mediador de uma relação entre o todo e a parte, bem como entre cada parte maior e a respectiva parte menor.

Ninguém nega a existência, nesta configuração natural, de um ideal de beleza e harmonia, que justifica amplamente os nomes de "Aurea" e "Divina".

Na botânica, talvez o exemplo mais significativo de presença efetiva da seção áurea seja representado pelo arranjo geométrico das folhas e inflorescências de algumas plantas.

Em meados de 1800 Auguste Bravais, um botânico francês, em uma série de estudos realizados com seu irmão Louis descobriu que em muitas plantas as folhas são dispostas no caule de acordo com uma espiral em que o ângulo entre duas folhas sucessivas é quase constante e é de cerca de 137,5°, correspondendo ao ângulo áureo. Este arranjo garante o acesso e o aproveitamento ideais de cada folha à luz do sol.

Mas há muitos exemplos presentes na natureza. Por exemplo, o número de pétalas de flores geralmente é igual a um valor da série de Fibonacci. Por exemplo, muitos, como íris e lírios, têm três. Dog rose tem cinco ou oito, como buttercup e frangipane (também chamado de plumeria). Muitas margaridas têm 13, então o jogo "me ama, não me ama" quase sempre termina com o consolador "me ama"; isso também acontece quando em vez da margarida você usa a mais comum "margarida do prado", que tem 21. Os compostos, também chamados de asteráceas, um vasto grupo botânico que inclui entre outras coisas girassóis, gérberas e crisântemos, têm 34, 55 ou 89 , enquanto a chicória comum, que pertence à mesma família, tem 21.

Estes são todos os números que fazem parte da série de Fibonacci. Incrível como expressões naturais que se gostaria que fossem geradas por acaso, todas possuem características matemáticas inspiradas em uma única fonte.

Além das formas anatômicas humanas, como já mencionado, também as de muitos animais, como as estrelas do mar, são inspiradas na seção áurea; a maioria das criaturas obviamente em forma de espiral o faz, como sugerido pela concha do Nautilus. Mas isso ainda não é suficiente: neste momento não deve mais nos surpreender que as formas da Via Láctea e outras galáxias também sejam inspiradas na seção áurea.

No campo da medicina, importantes descobertas foram feitas no estudo do movimento humano. Por exemplo, em 2013 foi possível confirmar que na caminhada a relação entre a fase de "apoio" (apoio) e a fase de "balanço" (quando o pé avança sem tocar o solo ainda) é igual à proporção áurea. Supõe-se que isso tenha a finalidade de tornar o passo proporcional para facilitar seu controle pelo cérebro.

A maldição da nona sinfonia.

De fato, muitos associam o número nove à morte. Essa correlação negativa começou a se firmar quando Gustav Mahler morreu em 1911; ele havia acabado de completar a nona sinfonia "Das Lied von der Erde" (Canção da Terra) e estava rapidamente colocando a mão na décima, esperando ter escapado do destino de Beethoven que morreu logo após completar sua nona sinfonia (Sinfonia Coral)
.

A maldição da Nona Sinfonia nasceu e se alimentou entre 1800 e 1900 e ainda persiste com referência ao fato de que muitos compositores morreram depois de compô-la. Entre as vítimas mais famosas, além de Mahler e Beethoven, podemos citar:

- Louis Spohr, ou Ludwig Spohr (Braunschweig, 5 de abril de 1784 - Kassel, 22 de outubro de 1859) compositor, violinista e maestro alemão.

- Franz Schubert (Viena, 31 de janeiro de 1797 - Viena, 19 de novembro de 1828) compositor e pianista austríaco do período romântico.
- Antonín Dvořák (Nelahozeves, 8 de setembro de 1841 - Praga, 1 de maio de 1904) compositor tcheco.
- Ralph Vaughan Williams (Down Ampney, 12 de outubro de 1872 - Londres, 26 de agosto de 1958) Compositor britânico, autor de sinfonias, música de câmara, óperas, música coral e trilhas sonoras.
- Joseph Anton Bruckner (Ansfelden, 4 de setembro de 1824 - Viena, 11 de outubro de 1896) compositor austríaco.
- Kurt Atterberg (Göteborg, 12 de dezembro de 1887 - Estocolmo, 15 de fevereiro de 1974) compositor, maestro e crítico musical sueco.
- Elie Siegmeister (Nova York, 15 de janeiro de 1909 - Manhasset, 10 de março de 1991) Compositor, professor de música e maestro americano.
- Roger Sessions (Brooklyn, 28 de dezembro de 1896 - Princeton, 16 de março de 1985) Compositor, crítico musical e acadêmico americano.
- Egon Joseph Wellesz (Viena, 21 de outubro de 1885 - Oxford, 9 de novembro de 1974) é um musicólogo, compositor e professor austríaco.
- Peter Mennin (Erie, Pensilvânia, 17 de maio de 1923 - Nova York, 17 de junho de 1983) importante compositor americano de origem italiana.
- Sir Malcolm Henry Arnold (Northampton, 21 de outubro de 1921 - Norwich, 23 de setembro de 2006) compositor britânico.

Em um ensaio sobre Mahler, Arnold Schoenberg escreveu:

> "É como se a Nona fosse um limite. Quem quiser superá-lo deve morrer. Parece que algo está sendo comunicado a nós através da Décima Sinfonia. é algo que não podemos saber agora, para o qual não estamos preparados. Aqueles que

escreveram a Nona Sinfonia chegaram muito perto do que chamamos de "Além".

O Clube dos 27.

A expressão inglesa "Club 27" refere-se a artistas, principalmente cantores de rock, que morreram aos 27 anos. A expressão "Maldição de J27" também é frequentemente usada para se referir ao fato de que seu nome ou sobrenome começa com a letra J.

Essa crença surgiu após as mortes de Jimi Hendrix, Janis Joplin e Jim Morrison. Muitos acreditam que o primeiro artista a ser vítima da maldição foi Robert Johnson, que (diz-se) vendeu sua alma ao diabo pelo sucesso. Outros concedem a primeira medalha de membro do clube a Alexandre Levy, que morreu aos 27 anos em 1892.

Em 2009, por ocasião do 15° aniversário da morte de Kurt Cobain, Robert Smith da National Public Radio declarou: "A morte dessas estrelas do rock aos 27 anos revolucionou verdadeiramente a maneira como as pessoas veem o rock".

De fato, as mortes de tantos artistas em uma idade tão jovem podem ser atribuídas ao abuso de álcool ou drogas, acidentes de carro ou até suicídio.

Aqui estão alguns membros do Clube 27:

- Jim Morrison, (8 de dezembro de 1943 - 3 de julho de 1971), poeta, escritor e dinheiro, morreu oficialmente de parada cardíaca (mas uma autópsia nunca foi realizada).
- Amy Winehouse, (14 de setembro de 1983 - 23 de julho de 2011) cantora e compositora, morreu de suposto abuso de álcool.
- Brian Jones, (28 de fevereiro de 1942 - 3 de julho de 1969) fundador dos Rolling Stones. Ele se afogou na piscina de sua vila.
- Janis Joplin, (19 de janeiro de 1943 - 4 de outubro de 1970) voz principal e compositora para o Big Brother e The Holding Company. Morreu de overdose de heroína.

- Jimi Hendrix, (27 de novembro de 1942 - 18 de setembro de 1970) Pioneiro e virtuoso da guitarra elétrica. Ele morreu de asfixia por vômito após a ingestão de álcool e tranquilizantes.
- Kurt Cobain, (20 de fevereiro de 1967 - 5 de abril de 1994) cantor e guitarrista do Nirvana. Morreu por suicídio.
- Kim Jong-yun, (8 de abril de 1990 - 18 de dezembro de 2017) compositor e cantor do grupo K-Pop SHINee. Morreu por suicídio.
- Robert Leroy Johnson (8 de maio de 1911 - 16 de agosto de 1938) cantor, compositor e guitarrista americano. Morreu de causas não especificadas.
- Cecilia, Evangelina Sobredo Galanes (11 de outubro de 1948 - 2 de agosto de 1976), cantora e compositora espanhola, dedicada ao gênero pop. Ele morre em um acidente de carro.
- Chris Bell (12 de janeiro de 1951 - 27 de dezembro de 1978) cantor e guitarrista. Ele morreu em um acidente de carro.
- Alexandre Levy (10 de novembro de 1864 - 17 de janeiro de 1892) brasileiro, pioneiro da fusão entre composição clássica e ritmos populares do Brasil. Acredita-se que ele seja o primeiro membro conhecido do Clube 27. Ele morreu de causas não especificadas.

Wolfgang Pauli e o número 137.

Wolfgang Pauli, físico e ganhador do Nobel, teve um longo relacionamento com Carl Jung, inicialmente para fins terapêuticos e depois por interesse científico. Há documentação de uma correspondência muito longa entre os dois cientistas. Pauli teria gostado de criar uma teoria psicofísica que unisse matéria e psique. Afinal, Pauli lutava continuamente com seus sonhos, que pareciam ser um guia eficaz para ele. Apesar da mentalidade científica, não estava isento de manifestações extra-sensoriais: no meio universitário em que trabalhava era bem conhecido o chamado "efeito Pauli", segundo o qual não podia entrar nos laboratórios de seus colegas sem que algum equipamento falhasse, ou alguns tubos de ensaio quebrando.

Ao longo de sua vida científica, ele ficou quase obcecado por um problema complexo da física, a constante de estrutura fina, igual a cerca de 1/137.
Apesar de seus melhores esforços, Pauli nunca conseguiu encontrar a razão para esse valor. Em 1958 foi internado no hospital de Zurique, com câncer no pâncreas, o que o levou à morte em pouco tempo.
Para sua surpresa, ele se viu hospitalizado no quarto 137 e imediatamente apontou isso para seu assistente Charles Enz quando foi vê-lo. Disse-lhe também que nunca mais sairia daquele quarto, assim como não conseguira resolver o problema de sua vida. Ele julgou que o número 137 era como uma armadilha para ele, e realmente era..

O número 108 na cultura oriental.

O número 108 tem origem no 12x9 e aparece constantemente na cultura oriental. Em particular, aqui estão algumas ocorrências do número 108 ou de seus múltiplos e submúltiplos:

- É o número de contas do Mala ou "rosário indiano", e do budista Akṣamālā.
- É o número de pecados no budismo tibetano.
- As divindades hindus têm 108 nomes que podem ser recitados contando as 108 contas do Mala.
- O Rig Veda tem 10.800 versos.
- Os livros sagrados tibetanos do Khagiur consistem em 108 volumes.
- No Śrīmad Bhāgavatam, Krishna é descrito dançando com 108 pastoras e posteriormente se casando com 16.108 esposas.
- No Shivaísmo, Shiva Nataraja é retratado realizando sua dança cósmica em 108 poses.
- No Japão, no final do ano, um sino tocou 108 vezes para saudar o ano novo.
- As tentações que uma pessoa deve resistir para alcançar o Nirvana são 108.
- O templo de Baalbek, na Fenícia, tinha 54 colunas.

- Na cidade sagrada de Lashanmjh, no Tibete, havia 108 templos.
- Angkor Vat, Camboja, tem 54 torres, 108 estátuas de cada lado da entrada e 540 estátuas de divindades.
- As estrelas consideradas sagradas na astrologia chinesa são 108.
- A duração do reinado antediluviano na mitologia suméria foi de 108.000 anos.

Ao nível da curiosidade, acrescentamos que 108 é o número de pretendentes de Penélope, esposa de Ulisses, na Odisseia de Homero.

O número 666.

Não podemos terminar esta revisão sobre os números sagrados ou significativos sem mencionar o número 666. Ele aparece em uma passagem do Novo Testamento, no Apocalipse de João, e se refere a uma "Besta" que se ergue do mar e devasta a Terra. Em particular, nos tempos contemporâneos, o número tornou-se um símbolo do Diabo.

A título de curiosidade, comunico uma notícia divulgada pela Associated Press em 2 de novembro de 1996. Seeondo a agência, 436 moradores da cidade de Madison concordaram em jogar a combinação dos três números 666 em uma loteria local chamada Luck Devils, em ocasião da festa de Halloween. Inacreditável, mas verdadeiro, os jogadores ganharam a soma de 1800 dólares. Pela divulgação desta notícia, parece que muitos outros tentaram.

O determinismo da morte e da ressurreição.

"Um filósofo maduro e experiente que lhe pede conselhos sobre os livros de filosofia para estudar, deve responder: que filosofia você quer? Porque eu já sei o que você está procurando. Você quer uma doutrina filosófica que lhe mostre no que você acredita e quer continuar acreditando.
O que voce quer entao? Deus ou átomos? Liberdade ou Determinismo? Diga-me. Tenho aqui, na minha farmácia, os frascos que contêm cada uma destas coisas.
Eu posso te dar um ou outro, dependendo de seus desejos ou necessidades."
(Giuseppe Rensi, filósofo e advogado)

Justiça divina em Drynor Township.

Em 1836, Davy Crockett, um herói popular do faroeste americano, enquanto viajava para se juntar ao Exército do Texas em San Antonio, acampou em um bosque na costa de Honey Grove Creek, um pequeno rio com apenas 18 quilômetros de extensão que atravessa o condado. de Fannin no Texas. Naquela noite ele escreveu uma carta na qual descrevia com entusiasmo aquele lugar, chamado Honey Grove (Honey Grove) pela abundância de favos que as abelhas selvagens criavam nas árvores ocas.

Crockett posteriormente promoveu o nascimento, naquele local, de uma cidade com o mesmo nome. Em 1842, seu amigo Samuel Erwin, o primeiro colono, instalou-se lá e o próprio Crockett celebrou seu casamento. Posteriormente a localidade tornou-se um pequeno centro em expansão até se constituir em cidade em 1873; comércio, cultivo de algodão e outras atividades permitiram que chegasse a poucos milhares de habitantes, o que favoreceu a existência de um jornal local de quatro páginas, o "Honey Grove Signal".

A edição de 31 de março de 1905 deste jornal detalha um fato que se tornou um clássico na literatura de acontecimentos estranhos e misteriosos, geralmente conhecido como "o caso da bala predestinada". Existem várias versões, mas a crônica do jornal nos permite reconstruir a mais verídica.

O artigo aparece em uma coluna na segunda página, com o título “Mais surpreendente que um filme. Uma bala vinga uma menina vinte anos depois de sua morte”.

As palavras de abertura do artigo ("Ocorreu caso maravilhoso de castigo na terra pelos pecados da carne...") descrevem bem o ambiente cultural em que o evento ocorreu e a interpretação que dele foi dada.

O artigo apresenta a notícia da morte acidental de Henry Ziegland, morador de Drynor Township, uma aldeia ao redor de Honey Grove. A crônica de sua morte não teria interesse se não a relacionássemos com um antecedente de vinte anos antes.

Figura 20. A seção áurea de Leonardo Fibonacci.

HONEY GROVE SIGNAL.

DR. PRICE'S CREAM BAKING POWDER

Greatest Aid to Cookery

Ayer's Cherry Pectoral

Coughs, Colds

CROOK-RECORD-CO.

PARIS, TEXAS

The Fashion Event

Spring Opening

Millinery, Tailored Suits, Wraps, Skirts, Shirtwaists, Gloves, Hose, Corsets, Underw'r

Wednesday, April 5

Special Bargain Prices

Figura 21 - Edição de 31 de março de 1905 do Honey Grove Signal, que relata em coluna na segunda página o caso da morte de Henry Ziegland que ocorreu em circunstâncias tão estranhas que lembram uma história que remonta a vinte anos antes.

Em 1885 Henry Ziegland era um jovem rico dedicado a todas as atividades agradáveis típicas dos jovens de todos os tempos, como o namoro de meninas.

Infelizmente, para ele, o ambiente e a moral atual não tendiam a favorecer aventuras passageiras, de modo que, quando uma garota local, Maysie Tinchor, foi cortejada, ele cedeu às lisonjas e promessas porque tinha uma promessa em mente. Henry não pensava assim, no entanto, e uma vez que teve o fruto de seus desejos, ele o liquidou abruptamente.

A dor de Maysie e a consciência de ter sido enganada eram imensas, tanto que a pobrezinha tirou a própria vida. Claro que não acabou aí. Filford, o irmão mais novo de Maysie, chateado com o suicídio de sua irmã, decidiu confrontar Henry para expressar todo seu desprezo.

Ele então correu para sua casa, mas, com excessiva impulsividade, levou consigo a arma da família, um grande mosquete militar capaz de explodir uma única bala.

Quando os dois se viram diante de Henry, mais velho e mais robusto que o jovem, ele não foi nada conciliador. Ele ofendeu Filford e Maysie. Além disso, ele zombou do mosquete que Filford segurava em suas mãos.

Cegado pelo ódio e pelo desespero, Filford perdeu o controle da razão, ergueu o cano de seu mosquete e disparou o único tiro na direção do oponente: imediatamente ele viu um grande fluxo de sangue espirrar de sua cabeça quando ele caiu no chão.

Nesse ponto, convencido de que o havia matado, Filford fugiu; ele percebeu que havia arruinado completamente sua família, acrescentando ao suicídio de sua irmã sua transformação em assassino. Ele armou o mosquete com outra bala e, por sua vez, tirou a própria vida.

As coisas, no entanto, não correram como ele acreditava: a bala apenas atingiu de raspão a têmpora de Henry e foi se alojar no tronco da árvore atrás dele. Henry, com a sorte que muitas vezes ajuda os ímpios, foi salvo ao sofrer uma ferida superficial que cicatrizou em pouco tempo.

Não sabemos se nos anos seguintes ele chegou a se arrepender de todo o mal derivado de seu comportamento, provavelmente não.

Ele prosperou seu negócio e se casou com uma viúva rica com quem teve um filho. Isso cresceu e, na expectativa de seu casamento, Henry decidiu ampliar a casa para acomodar e manter a nova família ao lado, construindo uma nova ala bem na direção da árvore atingida pela bala vinte anos antes. Para conseguir o espaço necessário, Henry decidiu cortar a árvore. Vamos acompanhar a história do Sinal do Bosque do Mel:

> "Henry e seu filho cortaram a árvore na qual a bala de Filford Tinchor havia penetrado e tentaram cortá-la em pedaços. A madeira era tão dura que os machados e cunhas não surtiam efeito, então decidiram inserir pequenas cargas de dinamite nos buracos naturais do tronco. Em um ponto, uma explosão abriu o tronco da árvore liberando a bala velha. A força da dinamite empurrou a bala para fora.
>
> Com força extraordinária, a bala atingiu a têmpora esquerda de Henry Ziegland e causou sua morte instantânea.

O editor que iniciou o artigo com as palavras "Um caso maravilhoso de punição na terra pelos pecados da carne" conclui: "No túmulo dos irmãos Tinchor agora há apenas poeira e silêncio. No entanto, a bala, com a qual Filford queria vingar seus erros, fez seu trabalho hoje".

Existe justiça divina?

A crônica do Honey Grove Signal levanta uma questão tão antiga quanto o mundo. Existe uma justiça retributiva divina? Devemos acreditar em uma "Entidade superior" que intervém segundo critérios de justiça para reequilibrar o destino dos oprimidos?

A questão é altamente discutível. De fato, mesmo que esse órgão estivesse operando nesse sentido, deveríamos primeiro estabelecer qual era sua ideia de justiça, e se essa ideia, se é que deveria coincidir com a nossa.

Do ponto de vista da filosofia da ciência, essa ideia é completamente absurda. Acontecimentos envolvendo a humanidade devem ser avaliados com critério determinístico.

O determinismo identifica uma explicação física para qualquer fenômeno, assumindo que a cadeia causa-efeito deve ser sempre válida. A consequência é que tudo o que acontece nunca é devido ao acaso, mas é determinado pelas leis físicas que dominam o universo. Essas leis são bem conhecidas como interações fundamentais. São as forças da natureza que tornam possível descrever os fenômenos físicos, e até hoje foram identificados basicamente quatro. Eles são a força da gravidade, a força eletromagnética, a força nuclear fraca e a força nuclear forte.

A justiça divina não pode ser enquadrada em nenhuma das quatro forças fundamentais, portanto, para o determinismo, a justiça governada por uma "Entidade superior" que intervém para recompensar boas ou más ações é uma hipótese completamente absurda. Henry Ziegland morreu simplesmente porque teve a infeliz ideia de usar dinamite, segue-se que a causa de tudo está em sua imprudência e acaso. Apontar.

Além disso, com base no princípio determinista, se a justiça divina realmente existisse, ela teria que intervir o tempo todo, não apenas de vez em quando.

Essas considerações nos levam a uma encruzilhada: ou a justiça divina não existe, ou o princípio determinista é falso.

Aleatoriedade e o sinal sobrenatural.

Podemos aprender mais sobre o conceito considerando as curas físicas que ocorrem em lugares milagrosos. Ao contrário do que muitos acreditam esses lugares não são apenas católicos.

Por exemplo, a mesquita Jamkaran, sagrada para os xiitas, está localizada a seis quilômetros a leste da cidade sagrada de Qom, no Irã. Os guardiões da mesquita estabeleceram uma comissão desde 1998 para examinar as curas milagrosas que ocorrem naquele santuário e que estão listadas em um registro especial.

Muitos lugares "pagãos" também devem ser mencionados, como um grande número de fontes ou rochas com propriedades taumatúrgicas, como muitos dólmenes e menires aos quais ainda hoje são atribuídos poderes propiciatórios de fertilidade.

Na cultura dos índios americanos existem as Rodas da medicina que evocam não tanto o conceito de cura do corpo, mas a cura espiritual e o poder que se obtém do conhecimento dos segredos do universo.

Uma das mais antigas Rodas de Medicina é encontrada nas Montanhas Big Horn, em Wyoming, e acredita-se que tenha sido construída entre 200 e 500 anos atrás. É feito com pedras brancas dispostas circularmente em um diâmetro de 28 metros. A forma circular simboliza o movimento, a passagem do tempo, a vida e as estações. No centro da Roda está uma cruz, símbolo do Grande Espírito e da Árvore cósmica que tem suas raízes na Terra e os ramos estendendo-se para o céu e para as quatro direções.

Há também lugares de cura puramente psíquicos, como os territórios fantásticos destino das viagens xamânicas, onde o curandeiro se propõe a combater as forças que mantêm refém a saúde das vítimas acometidas pelas mais diversas enfermidades.

Claro, também existem muitos lugares cristãos, conhecidos pelas curas milagrosas que ocorrem lá. O mais conhecido é o santuário francês de Lourdes dedicado à Virgem Maria, ao qual me refiro porque há muito tempo se estabeleceu ali uma comissão médica, também composta por cientistas não crentes, que certifica curas inexplicáveis com absoluta parcimônia.

Muitas curas de patologias graves ou gravíssimas se realizam por imersão na água da Gruta de Massabielle, que se assemelha muito ao rito batismal cristão com o qual, mediante uma morte e ressurreição simbólicas, se purifica de todo pecado e, por extensão, de todas as doenças, pois, como diz São Paulo, a morte entrou no mundo por causa do pecado.

Lembro que mesmo o arquétipo junguiano da água, embora tenha um duplo valor, em seus aspectos positivos pode ser portador de vida em regiões áridas e desertas da Terra e, por extensão, em situações de sofrimento humano físico e espiritual.

Lourdes pode ser definida como um "lugar milagroso" porque o número de curas certificadas que ali se realizam é estatisticamente superior às que ocorrem noutros locais. Sandro De Franciscis, desde 2009 presidente do "Bureau des constatations médicales" de Lourdes, disse que em 150 anos foram documentadas cerca de 7.500 curas inexplicáveis, mesmo que apenas 70 delas tenham sido reconhecidas pela Igreja Católica como milagres. É evidente a variação estatística muito significativa entre o número de curas que ocorreram neste local em comparação com o relativo a locais diferentes ou "comuns".

O problema é que nem todos se curam. Apesar disso, as curas inexplicáveis de Lourdes são suficientes para minar fortemente o dogma materialista do determinismo: seu número extraordinário sugere que pode haver uma falha nessa teoria. Além disso, a objeção apresentada por muitos cientistas, segundo a qual milagres não são milagres, mas consequências normais de leis físicas ainda não demonstradas, não tem mérito, porque da mesma forma os crentes podem afirmar que são uma consequência direta da vontade divina, mesmo se a existência de Deus ainda não foi provada.

É claro que devemos reconhecer que se todas as pessoas que mergulham nas tinas de Lourdes fossem curadas, cairíamos em uma forma recíproca de determinismo, ou seja, acabaríamos confirmando a teoria que queremos refutar.

A explicação dada para esse contraste de conceitos é bastante simples: as curas milagrosas devem ser interpretadas como sinais, ou seja, como indicadores de uma realidade que supera o determinismo, mas sem negá-lo. Se em sua realidade cotidiana o homem está sujeito às regras deterministas que fazem o mundo funcionar, isso não significa que exista um nível superior que possa transcender essas regras e que se manifeste ocasionalmente, apenas o necessário para sinalizar à consciência da humanidade sua presença e fazer com que a presunção humana possa mergulhar num... banho de humildade.

Portanto, as curas milagrosas não seriam devidas a leis físicas ainda desconhecidas, nem ao mero acaso, mas seriam sinais da presença de uma "Consciência Universal" capaz de transcender suas próprias leis. Esse conceito absurdo pode se tornar mais familiar para nós quando examinamos o comportamento da matéria no nível subatômico, descobrindo que nesse nível de realidade todas as leis físicas subjacentes ao determinismo são silenciosamente ignoradas. A mesma matéria que no nível macroscópico, ou seja, em nosso nível de existência, obedece às forças fundamentais da física determinista, em seu nível mais íntimo as ignora, as repudia e as distorce.

É possível, portanto, que o determinismo seja simultaneamente respeitado e violado. É possível que leis deterministas afirmem com certeza que certa doença incurável leva à morte e, ao mesmo tempo, em um nível diferente, uma força não determinista intervém para negar esse princípio e produzir a cura.

Como vivemos no nível das leis deterministas, é natural que estas, no nosso nível, sejam mais fortes.

Existe uma lei determinista de que mesmo as pessoas milagrosamente curadas não escapam, porque sabemos muito bem que, mesmo curadas e restauradas, no final ainda estarão condenadas à morte. Como diz o príncipe Antonio De Curtis em uma de suas famosas composições:

> Você sabe o que é a morte?... é uma ferramenta de nivelamento.
> Um rei, um magistrado, um grande homem, passando pelo portão do cemitério, perde nome, poder e riqueza.

O próprio Francisco de Assis, cantando seu louvor à morte, afirma em tom sucinto:

> "Louvado seja meu Senhor por nossa morte corporal, da qual nenhum ser humano pode escapar."

Quase todas as religiões e muitas filosofias, no entanto, contestam o determinismo da morte configurando realidades transcendentes, capazes de colocar a vida em um nível diferente e eterno. O principal feriado cristão é a Páscoa, que celebra a morte e ressurreição de Jesus Cristo, uma promessa da futura ressurreição e vida eterna a que todos os crentes estão destinados.

Outras religiões acreditam na reencarnação, ou seja, em uma ressurreição cíclica que culmina com a obtenção da perfeição, um estado em que a morte deixa de existir. De acordo com a concepção do budismo clássico (600 aC) o que conta é a libertação da dor da existência. A felicidade, ou seja, o nirvana, é o fim dos renascimentos contínuos, do nada.

Nos textos dos rabinos, o paraíso é descrito como um recinto de rosas e murtas, um lugar espiritual no meio do qual se ergue a Árvore da Vida. No Alcorão, muçulmanos piedosos de ambos os sexos entram em um jardim de prazeres: o clima é bom, a água é abundante e também frutas, carne e mel.

Podemos crer na ressurreição?

Na concepção de muitas religiões, é possível retornar à vida após a morte e essa ideia não é tão estranha quanto possa parecer. Tornou-se moda, mesmo entre os cientistas menos crentes, afirmar que "somos filhos das estrelas". De fato, não há dúvidas científicas sobre o fato de nossos corpos serem compostos de átomos que, depois de formados nas fornalhas das primeiras estrelas, se espalham pelo universo, reconfigurando-se em infinitas expressões de criação como parte de outras estrelas, planetas , ou minerais e vegetais, e também como parte dos corpos dos seres vivos.

Cada átomo do nosso corpo fez parte de inúmeras outras expressões da matéria. Quanto aos átomos, portanto, poderíamos falar de "imortalidade" (pelo menos enquanto durar o universo) ou reencarnação. Num sentido mais amplo também de ressurreição, se considerarmos a morte do organismo do qual fazem parte e o "renascimento" como parte de um organismo diferente.

Claro que este não é o tipo de ressurreição que esperaríamos: todos gostaríamos de ressuscitar num corpo que mantivesse as características e sobretudo a consciência da vida vivida anteriormente. Ou seja, gostaríamos de transferir a consciência do corpo anterior para o novo corpo.

Depende de como vemos a consciência.

Segundo a concepção materialista, a consciência é apenas um subproduto da atividade cerebral, um epifenômeno produzido pelas interações eletroquímicas que ocorrem na massa cerebral; consequentemente, quando o cérebro morre e entra em decadência, até mesmo a consciência, que nunca teria existido, "morre" com ele.

De acordo com muitas interpretações filosóficas e religiosas, no entanto, a consciência é pura psique que transcende o cérebro. Não só não está confinado ao crânio, mas se estende ao cosmos, interagindo de forma livre e autônoma com outras consciências e com uma "consciência universal". Nesse sentido, a consciência também poderia ser o elo informacional que une todos os átomos de nosso corpo, ou melhor, o projeto segundo o qual se torna possível que eles se arranjem e assumam funções de modo a obter como resultado nosso próprio corpo tal como é. , e não diferente, com duas mãos em vez de quatro e com impressões digitais diferentes de qualquer outro ser humano.

Se os átomos de nosso corpo conservassem a memória de sua pertença a esse projeto, essa memória seria imortal, nossa consciência seria imortal e, em certo sentido, nosso corpo seria imortal.

O problema da entropia.

Afinal, por que morremos? Tudo depende de uma lei chamada entropia ou, mais tecnicamente, "segunda lei da termodinâmica". Simplificando, entropia significa que, se você quebrar um copo, poderá quebrar cada peça em subpeças adicionais e, em seguida, cada subpeça em subpeças sucessivas, mas nunca poderá restaurar o vidro ao seu estado original de integridade. . Da mesma forma, se você preparar um ovo mexido, não poderá mais reconstituir o ovo inteiro, especialmente depois de cozinhá-lo.

Todos nós temos uma percepção muito forte da direcionalidade do tempo e aceitamos que ele flui apenas em uma direção. Aceitamos a direção "para frente" do tempo, mas lutamos para imaginar a direção inversa. Isso certamente depende do fato de que a direção reta é aquela em que a causalidade opera. Tomamos como certo que as causas precedem seus efeitos. Não pode ocorrer um evento que não tenha sido causado por outro ocorrido anteriormente. Nunca acontecerá que alguém possa colher maçãs sem que alguém tenha plantado a árvore primeiro.

A entropia está ligada à passagem do tempo, e prediz que tudo caminha para a deterioração, já que o tempo avança em apenas uma direção e não é possível "rebobinar o filme" para retornar a uma situação anterior; existe uma norma implacável, precisamente a segunda lei da termodinâmica, segundo a qual a entropia de um sistema fechado sempre aumenta. Claro, o universo é um sistema fechado.

Esse "retorno" pode ocorrer de várias maneiras. Em alguns casos, como na ressurreição da carne apoiada pelo cristianismo, o falecido volta à vida com os mesmos despojos da vida anterior. Em outros casos, afirma-se que o retorno à vida se dá no corpo de outro ser vivo, mesmo de outro tipo. Algumas religiões predizem o fim da corporalidade, mas o início de uma nova vida na forma de puro espírito.

Para os antigos egípcios, a vida real era aquela após a morte, então o corpo era embalsamado para protegê-lo da corrupção. Essa prática sugere que eles acreditavam que a ressurreição seria realizada no mesmo corpo, e não na reencarnação em um corpo diferente. De fato, na mitologia do Egito Antigo, o deus Osíris morto por seu irmão Seth foi ressuscitado por sua esposa Ísis e se tornou o rei do submundo e o juiz dos mortos.

Zoroastrismo, que foi a religião mais difundida na Ásia Central entre o século 6 aC. e 10 d.C. com base nos ensinamentos do profeta Zaratustra, sustenta que a ressurreição corporal dos mortos ocorre em vista do julgamento final de Deus sobre o Bem e o Mal. Após a morte, a alma do falecido passa por uma ponte enquanto suas ações, boas e más, são colocadas na balança. Quando as boas ações prevalecem, a ponte parece larga, caso contrário, torna-se tão fina quanto a lâmina de uma faca. O resultado decreta o destino da alma no Garotman ou Paraíso, ou no pior Lugar.

A mitologia grega conta em vários casos de personagens que ressuscitam dos mortos, às vezes adquirindo a imortalidade.

Tântalo rasgou Pélopes, seu filho ainda criança, em pedaços e colocou a mesa dos deuses para ver se eles entenderiam que era carne humana. Quando Deméter já havia comido um ombro, Zeus percebeu o engano, recompôs os membros de Pélope e o ressuscitou, substituindo o corte por um de marfim.

Hipólito, filho de Teseu e Hipólita, morreu enquanto dirigia sua carruagem, mas o médico Asclépio o ressuscitou com a ajuda de Ártemis.

Depois que Zeus traiu Hera com Semele, e após o nascimento de Dionísio, fruto da traição, Hera retaliou matando sua rival. No entanto, uma vez que Dionísio cresceu, ele conseguiu se tornar imortal, desceu ao Hades e ressuscitou sua mãe.

Reso, um jovem rei da Trácia aliado de Príamo na guerra de Tróia, foi morto durante o sono por Diomedes, mas sua mãe, a musa Euterpe, obteve de Hades e Perséfone para ressuscitá-lo e ficou satisfeito.

Um dos mitos platônicos conta a história de um soldado da Panfília que caiu em batalha, chamado Er, que é ressuscitado por vontade divina enquanto seu corpo está prestes a ser queimado na pira. Assim, Er entrou no Hades, embora ainda não tivesse sido enterrado, e então foi trazido de volta à vida, mantendo todas as memórias de sua vida anterior.

O platonismo afirmava que as almas preexistiam em um mundo celestial e caíram prisioneiras em um corpo humano em seu nascimento. Para se libertar, a alma teve que se submeter a um processo de purificação que consistia em sucessivas reencarnações. Esse pensamento platônico foi influenciado por escolas filosóficas mais antigas. Somente após o século III a.C. os neoplatônicos adotaram uma visão de reencarnação de inspiração hindu.

As religiões de mistério celebravam o ritmo cíclico de vida, morte e renascimento ligado principalmente às estações agrícolas e às forças da Natureza. Essas religiões não pressupunham a libertação da morte, mas sim o renascimento contínuo para uma nova vida após cada morte.

Os cínicos, segundo a tradição de Diógenes de Sinope e com referência a Sócrates e ao semideus Héracles, praticavam cultos de mistérios que celebravam a morte e a ressurreição.

Maniqueísmo. Mani, um filósofo persa que viveu no século III, fundou uma religião baseada em princípios inspirados no cristianismo, budismo, mazdeísmo e gnosticismo. Essa religião queria explicar a origem, composição e futuro do universo. Sobre a vida após a morte ele falou de três destinos diferentes para os Perfeitos, os Ouvintes e os Pecadores. As almas dos Perfeitos, após a morte, seriam recebidas por Jesus e purificadas pelo Sol, pela Lua e pela Estrela. Suas "partículas de luz", liberadas, seriam transformadas em divindades para ascender ao Primeiro Homem e viver ao lado dele.

O catarismo foi um movimento religioso que se desenvolveu entre os séculos XII e XIV, especialmente no sul da França. A teologia cátara era dualista: o mundo da matéria era visto como Mal, enquanto o Bem só podia ser encontrado no céu perto de Deus. A vida dos cátaros visava, portanto, levar a alma, concebida como uma centelha divina do Bem, para o Céu, libertando ela do Mal.

Os cátaros aceitaram a ideia da reencarnação, consequentemente aqueles que não alcançassem a liberação em uma vida retornariam em uma nova vida para continuar a batalha pela Perfeição. A reencarnação nem sempre era necessária, mas geralmente sim, considerando que nem todos poderiam romper os laços com o Mal em uma única vida. Isso explica por que os cátaros, perseguidos pelas Cruzadas Albigenses, se jogaram espontaneamente nas piras e se deixaram queimar cantando.

As Testemunhas de Jeová acreditam em uma ressurreição e uma recompensa futura para os justos, que serão divididas em duas categorias:

- o primeiro é constituído pelo pequeno rebanho, formado por 144.000 eleitos que reinarão no Céu juntamente com Cristo sem corpo carnal, mas com corpo espiritual;

- o segundo inclui todos os outros servos de Deus que viverão para sempre, com um novo corpo, numa Terra transformada em Paraíso.

Os injustos, porém, ressurgirão neste Paraíso, mas estarão sempre sujeitos à segunda morte.

De acordo com a fé islâmica, a humanidade está condenada à morte e ao Dia do Juízo. Neste dia, Allah ordenará aos seus anjos que toquem as trombetas que, ao primeiro toque, causarão a aniquilação de todos os seres. No segundo toque todos os homens, sem exceção, ressuscitarão em corpo, alma e espírito, para serem julgados e recompensados com o Céu ou condenados ao Inferno. O Dia do Julgamento também é chamado de Yawm al-qiyāma (Dia da Ressurreição).

Reencarnação nas religiões orientais.

Em algumas religiões orientais, a ressurreição muitas vezes assume a forma de reencarnação, pois seus dogmas sustentam que todo ser vivo, da formiga ao elefante, para citar alguns exemplos, é portador do espírito ou alma de um falecido.

A forma clássica da doutrina da reencarnação vem da Índia, onde foi elaborada e transcrita nos escritos bramânicos, no século IX aC. cerca de.

O conceito tornou-se mais claro entre os séculos 7 e 5 aC. dos Upanishads, um conjunto de textos religiosos e filosóficos indianos compostos na língua sânscrita. Isso permitiu que ele fosse adotado por outras grandes religiões orientais, como o budismo. Depois do budismo, a reencarnação também foi adotada pelo taoísmo chinês, por volta do século III aC.

Reencarnação no Hinduísmo.

O hinduísmo é uma religião difundida em oitenta e quatro países. Desenvolveu-se no subcontinente indiano usando o Vedismo já existente. Os hindus chamavam o ciclo de renascimento de Samsara. Este é um termo sânscrito frequentemente representado com a imagem de uma roda. No hinduísmo e em outras religiões como bramanismo, budismo e jainismo, indica o ciclo de vida, morte e renascimento.

De acordo com um significado posterior, Samsara também indica "o oceano da existência", ou seja, o mundo material permeado de dor e sofrimento, portanto, a vida terrena. Mas a vida terrena é absolutamente desprovida de substância real. Na verdade, o mundo como vemos e percebemos é apenas uma miragem, uma ilusão, "maya". Essa ilusão cria Avidya no homem, uma ignorância metafísica, isto é, uma visão errada da vida terrena e do outro mundo.

Maya é um conceito religioso e filosófico indiano que assume definitivamente o significado de "ilusão cósmica" no pensamento Vedanta. Abrange todo o mundo fenomenal, inexistente e ilusório, em oposição à única realidade que é Atman.

Quando a alma deixa o corpo agora morto, descansa por três eras e depois migra para um novo corpo. Através deste ciclo sua condição espiritual evolui. A forma do ser vivo em que a alma se reencarna depende do Karma, ou das boas ações realizadas. Quanto mais boas ações houver, melhor será a condição da nova vida. Pelo contrário, ações negativas produzem reencarnação em uma forma inferior.

O hinduísmo é um caminho para o conhecimento e a salvação que leva à libertação final quando a alma (Atman) separando-se do corpo e do mundo, junta-se ao absoluto ou alma do mundo (Brahman). Samsara termina quando a alma alcança Brahman e conhecimento.

Vedanta é o sistema filosófico indiano do Upaniṣhad, do qual o representante mais famoso foi Sankaracarya (por volta de 788-820). O Vedanta elabora sistematicamente a doutrina do Um-Todo segundo a qual o conceito de pluralidade, inerente ao mundo que aparece aos nossos sentidos, é baseado na ilusão.

Reencarnação nos Upanishads.

Os Upanishads foram os primeiros escritos em que o lugar da "segunda morte" foi movido do céu para a terra. A ignorância da própria individualidade põe em ação o carma, a lei de causa e efeito da espiritualidade oriental. Brihadaranyaka Upanishad afirma:

> "Agora um homem é assim ou assim; de acordo com como ele age e de acordo com como ele se comporta, assim será: um homem de boas ações se tornará bom, um homem de más ações, mau. O homem se torna puro com ações puras, mau com más ações. Uma pessoa consiste em desejos. E como é seu desejo, assim é sua vontade; e como é sua vontade, assim é sua ação; e qualquer ação que ele faça, ele consequentemente colherá. ". (Brihadaranyaka Upanishad 4, 5-6)

A reencarnação (Samsara) é a maneira prática pela qual as boas ações são colocadas em prática. Portanto, o indivíduo é obrigado a entrar em uma nova existência material até que toda a dívida cármica que acumulou seja paga.
Portanto, no Bhagavad Gita o conceito de reencarnação é referido como um processo natural da vida ao qual todos os mortais estão sujeitos:

> "Assim como a alma encarnada passa neste corpo da infância à juventude e depois à velhice, assim a alma passa para outro corpo no instante da morte. A alma realizada não se incomoda com essa mudança." (Bhagavad Gita 2,13)

> "Assim como uma pessoa veste roupas novas e deixa as usadas, assim a alma assume novos corpos materiais,

abandonando os velhos e inúteis." (Bhagavad Gita 2,22)

Nos Puranas do capítulo 5 são indicadas todas as diferentes formas de reencarnação punitiva, de acordo com os pecados cometidos. Quem matou um padre renasce tuberculoso, quem matou uma vaca renasce corcunda ou demente, quem matou uma virgem renasce leproso, quem roubou comida renasceu como um rato, quem roubou grãos renasceu como um gafanhoto .
Os Upanishads são escrituras ricas em poesia como aparecem nestes versos:

"Você é a mulher, você é o homem, você é o jovem e a menina. Você é o velho que se move penosamente apoiado em sua bengala. Você nasce com rostos olhando em todas as direções. Você é a borboleta azul e o papagaio verde de olhos vermelhos. Você é a nuvem que gera o relâmpago, Você é as estações e os oceanos. Você nunca começou, Você é eternidade e onipresença. Você é Aquele de quem todos os mundos nascem

Reencarnação no Budismo.

O budismo vê a reencarnação como uma forma de purificação, não como recompensa ou punição. A alma se une ao "Todo Divino" pelos méritos acumulados em repetidas reencarnações, mas quando isso acontece perde sua individualidade e, portanto, seu ego consciente.
Segundo o budismo, nenhum ser vivo, e nem mesmo nenhum deus, escapa à lei da morte e das reencarnações subsequentes em seres diretamente inferiores ou superiores ao estado de sua vida anterior. A morte é uma transformação de energia. Após a morte, a vida não desaparece, mas se transforma em algo mais profundo e

mais consciente. Nestas condições o homem continua a existir até uma nova reencarnação.

Este destino é comum a todos os seres vivos, não apenas aos homens. Até os animais, e todas as formas de vida, até as mais simples, como as bactérias, reencarnam. O conceito de "tornar-se" propõe uma realidade em que nada se cria, nada se destrói, mas tudo se transforma.

Mesmo para o budismo há um inferno e um céu. Se o homem fez o mal, após a morte física ele está sujeito a penas de longo ou médio prazo. Em vez disso, as boas ações na vida permitem a permanência em um mundo divino, que, no entanto, não dura para a eternidade. A liberação final do sofrimento e das paixões é alcançada apenas alcançando a iluminação completa ou Nirvana de acordo com o pensamento do próprio Buda:

> "Por incontáveis vidas eu vaguei
> procurando em vão pelo construtor desta casa.
> É mais doloroso do que nunca continuar a renascer.
> Ah, construtor! Agora eu encontrei você.
> Você nunca vai construir esta casa novamente.
> Todas as suas placas estão quebradas,
> A viga de suporte está quebrada.
> Minha mente alcançou a liberdade suprema.
> Todo desejo se extingue."
> (Buda)

Portanto, para os budistas, a alma de cada ser é imortal e dá vida a todos os corpos físicos para os quais se move posteriormente. O nascimento e a morte são momentos do processo de renovação universal e fazem parte de um ciclo natural.

Figura 1 - Tao in cinese vuol dire "via". Nelle filosofie orientali il Figura 22 - Tao em chinês significa "Caminho". Nas filosofias orientais o símbolo do Tao, também conhecido como "Yin e Yang", representa o caminho, o devir de todas as coisas, que se realiza com um movimento que oscila entre dois extremos.

Reencarnação no Taoísmo.

A reencarnação é um conceito difícil de encontrar nos aforismos do Tao-te Ching (século VI aC). Na verdade, estes não contêm referências abertas à reencarnação que, portanto, deve ter aparecido mais tarde no taoísmo. A doutrina taoísta afirma que "algo" passa de uma vida para outra, mas não é especificado para quem exatamente esse destino está reservado. No Chuang Tzu, um importante texto taoísta do século IV aC. lê-se:

> "O nascimento não é um começo, a morte não é um fim. Há existência sem limites, há continuidade sem ponto de partida.
>
> A vida é a companheira da morte, a morte é o começo da vida. Quem entende como eles funcionam? A vida do homem é um sopro. Se você inalar há vida, se você exalar há morte."
>
> A vida e a morte são companheiras uma da outra, então por que devemos ficar ansiosos?
>
> As dez mil coisas são uma só: algumas consideramos belas porque são raras ou sobrenaturais, outras consideramos feias porque são sujas e podres, mas as ruins e podres podem se tornar raras e sobrenaturais e as raras e sobrenaturais podem se tornar ruins e podre. Portanto, você deve considerar tudo como um: o sábio nunca deixa de avaliar a unidade de todas as coisas." (Chuang Tzu, 23).

A ressurreição no cristianismo.

No Antigo Testamento, a esperança de vencer a morte ou ressurreição é descrita pela primeira vez nos livros de Isaías e Daniel. Segundo esses profetas, para quem vive no presente e para os mortos das gerações passadas, a morte pode ser vencida graças ao ato divino da nova criação.

Seus mortos viverão; seus corpos se levantarão.
Você que mora no pó, desperte e cante de alegria!
Pois teu orvalho é um orvalho de luz,
e a terra dará à luz os mortos .. "(Isaías 26,19)

"E muitos dos que dormem no pó da terra acordarão: um para a vida eterna, outro para o desprezo, para a infâmia eterna. E os sábios brilharão como o esplendor da expansão, e aqueles que levaram muitos à justiça brilharão como as estrelas, para todo o sempre". (Daniel 12,2-3)

Nos livros sagrados do judaísmo são mencionadas algumas ressurreições realizadas por profetas como Elias e Eliseu.

A ressurreição no Novo Testamento.

As manifestações de uma vida do corpo após a morte, no cristianismo em geral, podem ocorrer de três maneiras: a ressurreição, a assunção ao céu e a teofania, ou a manifestação sensível de uma divindade.

A profecia da ressurreição se cumpre com a descida de Jesus ao Mundo Inferior, nos três dias seguintes à sua morte, para libertar as almas daqueles que viveram antes de sua vinda.

A fé na ressurreição é anunciada no Evangelho e reafirmada em outros livros bíblicos, especialmente nos Atos dos Apóstolos e nas Cartas de Paulo, onde se afirma que a morte é "o salário do pecado".

Para o cristianismo, a morte de Jesus não foi simplesmente o sacrifício de um inocente, mas o evento único e fundamental da salvação; logo Jesus voltaria e em sua ressurreição todos os crentes seriam ressuscitados.

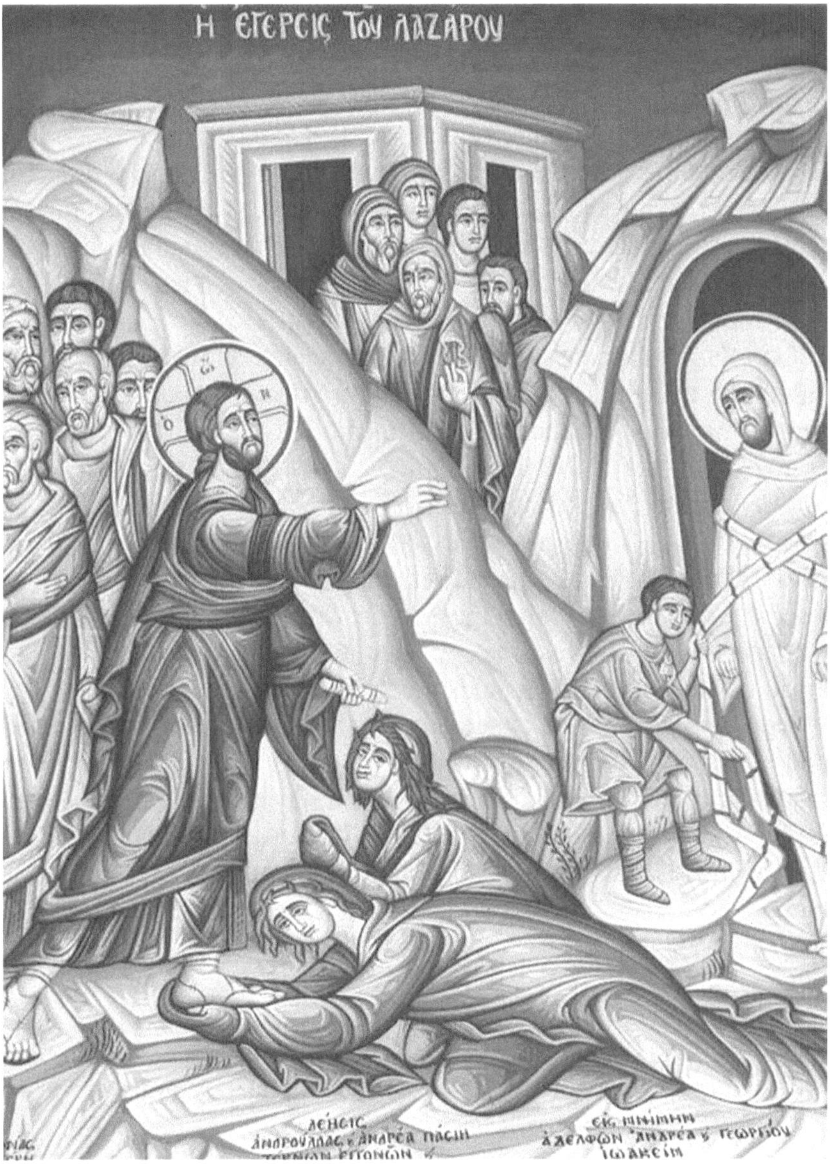

igura 23 - A ressurreição de Lázaro em um ícone grego antigo..

Já nos tempos apostólicos, porém, enquanto se tomava consciência de que a volta de Cristo não ocorreria em tempos imediatos, tornava-se necessário esclarecer o destino das almas imediatamente após sua morte, à espera dessa volta.

Imaginava-se, portanto, que as almas daqueles que mereciam a Salvação subiam ao Céu após um período de purificação e, nesse sentido, eram oferecidas as orações de intercessão pelos mortos. Cristo, em seu retorno no fim dos tempos, pronunciaria então o Juízo Final, seguido pela ressurreição da "carne" (isto é, dos corpos, transfigurados à semelhança de Jesus).

O Novo Testamento oferece muitos relatos de ressurreição. No entanto, a maioria das pessoas se lembra de apenas um caso além do próprio Jesus, a saber, a ressurreição de Lázaro. Mas as ressurreições descritas no Novo Testamento são mais de dez.

Infelizmente, nunca nos dizem o que acontece com as pessoas ressuscitadas. O que essas pessoas fazem após a ressurreição e como continuam sua vida na terra? Somente no caso da ressurreição de Jesus os Evangelhos descrevem o que acontece. Jesus aparece aos discípulos que, no entanto, não o reconhecem pela visão de sua pessoa, mas pelos gestos que faz.

Jesus mostra-lhes as chagas da paixão, mas estas não lhe parecem causar nenhuma dor. De fato, Jesus convida Tomé, um discípulo incrédulo, a colocar a mão em seu lado. Detalhe interessante: Jesus se senta à mesa e faz as refeições com eles. Em seu Evangelho, Lucas descreve o comportamento de Jesus ressuscitado;

> Enquanto eles falavam sobre essas coisas, o próprio Jesus estava no meio deles e disse: "A paz esteja com vocês!" Chocados e cheios de medo, eles pensaram ter visto um fantasma. Mas ele lhes disse: "Por que vocês estão perturbados e por que surgem dúvidas no seu coração? Olhe para minhas mãos e meus pés: sou eu! Toque-me e veja; um fantasma não tem carne nem ossos, como você vê que eu tenho". Dizendo isso, mostrou-lhes as mãos e os pés. Mas porque de alegria eles ainda

> não acreditaram e se encheram de espanto, ele disse: "Você tem alguma coisa aqui para comer?". Ofereceram-lhe uma porção de peixe assado; ele pegou e comeu na frente deles.

Afinal, na última ceia, enquanto bebia do cálice de vinho, Jesus disse:

> "Em verdade vos digo que nunca mais beberei do fruto da videira até o dia em que o beba novo no reino de Deus" (Mt 26,29)

sugerindo, em uma interpretação grosseiramente literal e certamente questionável, que em sua nova vida como um ressurreto ele continuaria a desfrutar dos prazeres do convívio. No entanto, é sem dúvida uma "ressurreição da carne.".

O dualismo. Entropia e sincronicidade.

"Se você olhar para o desastre da história humana com um olhar frio,
é difícil evitar a conclusão de que o homem é afligido
de um transtorno mental inato que leva à autodestruição.
Homicídio dentro da espécie, em escala individual ou coletiva,
é um fenômeno desconhecido em todo o reino animal,
além de humanos e algumas espécies de formigas e camundongos."
(Arthur Koestler, na revista The Observer))

Os exemplos de sincronicidade examinados acima continham uma mensagem decifrável em termos de "resgate amigável". Filippo é levado à consciência de que seu casamento precisa de uma revisão, enquanto Matteo, sem saber, salva a vida de Fulvio. Pode-se dizer que as duas sincronicidades intervieram como reequilibradores positivos de situações negativas, ou melhor, que atuaram como "árbitros" em uma situação que vislumbrou duas possibilidades que poderiam ser identificadas como "boas" e "más" segundo critérios humanos muito difundidos , ou de acordo com a forma predominante de entender o que acontece no mundo.

De fato, o pensamento comum do ser humano, do ponto de vista teórico e segundo um otimismo em grande parte demagógico, sempre favorece soluções que possam evitar a dor e o sofrimento dos outros. Isto é especialmente verdadeiro quando "o próximo" é desconhecido. Em vez disso, às vezes não temos escrúpulos em desejar todo o mal a muitas pessoas próximas a nós. Portanto, o bem e o mal podem estar presentes ao mesmo tempo nos julgamentos da mesma pessoa, muitas vezes no mesmo julgamento.

De um ponto de vista genérico, o termo "Bom" indica tudo o que parece desejável para os indivíduos e de tal forma que pode ser considerado como o objetivo final a ser alcançado em sua existência. O conceito de "Mal" é tipicamente oposto, mas não separado, de fato, coexistente.

Portanto, bem e mal são dois lados da mesma moeda, absolutamente inseparáveis; não são apenas assim nos julgamentos humanos, mas em todas as visões cosmológicas e em quase todas as filosofias e religiões, com ênfases menores ou maiores. O Bem e o Mal representam uma dualidade.

O dualismo.

O termo dualismo define qualquer doutrina religiosa, filosófica ou mesmo metodológica e científica, que preveja a existência de dois princípios opostos ou irreconciliáveis.

Neste livro, já me referi a muitos princípios dualistas, como o típico da filosofia de Francis Herbert Bradley, relacionado à aparência e à realidade. Bradley é um filósofo inglês que viveu de

1846 a 1924. Segundo seu pensamento, a verdade está na unidade do todo: não há separação ou multiplicidade das coisas. Todo o mundo da experiência humana é aparência; somente a consciência absoluta é real. Outro tipo de dualidade muito abordado neste livro é o relativo à religião e à ciência, tema explorado por William James, psicólogo e filósofo americano de origem irlandesa que viveu de 1842 a 1910.

Na verdade, o termo dualismo deve ser atribuído a Thomas Hide, um orientalista inglês nascido em Billingsley em 1636 e que viveu até 1703.

Em sua obra "Historia religionis veterum persarum" (História da antiga religião persa), referindo-se ao zoroastrismo e ao maniqueísmo, define o dualismo como o conceito, presente em ambas as tradições, da luta constante entre a Luz e as Trevas, ou seja, o Bem e o Mal , experiências que estão presentes ao mesmo tempo e são independentes e opostas. Cada aspecto da existência humana depende do uso do Bem do Mal.

Em 1710 o filósofo Gottfried Wilhelm Leibniz publicou em Amsterdã sua obra "Teodicéia" sobre a bondade de Deus, a liberdade do homem e a origem do Mal. Em sua obra, Leibniz analisou o dualismo do Bem-Mal à luz do livro bíblico de Jó, traçando a mesma origem do universo até os princípios do Bem e do Mal. Em Leibniz, todo evento negativo, como cataclismos ou a existência de mal injustificado que atinge o inocente, tem sua explicação na lei superior da harmonia que supervisiona a criação divina e que justifica todo evento à luz de um plano superior desconhecido ao homem. .

Mesmo Pierre Bayle (1647-1706) em seu "Dicionário Histórico Crítico", indica a presença do Bem e do Mal como origem material do universo, ainda que de um ponto de vista racionalista.

Em tempos mais recentes, o marxismo lembra o dualismo superestrutura-estrutura e, no campo psicológico, Jung propõe o dualismo consciente-inconsciente. Um dos dualismos mais investigados atualmente é o da mente-cérebro, que já mencionei neste livro.

Uma forma de dualismo não filosófica, mas puramente física, que assume um aspecto decididamente relevante para os propósitos deste livro, é aquela nascida dos experimentos de física quântica realizados nos últimos anos. Este é o dualismo onda-partícula, que é a base da incrível realidade do emaranhamento quântico.

No entanto, há outra forma de dualismo, que muitos cientistas ativos no campo da física quântica ou filosofia insinuam ou timidamente permitem transpirar em seus trabalhos, e é a dualidade entre a entropia do homem, que é a tendência humana de .destruição, e a sincronicidade que, apesar disso, orienta a humanidade para estágios evolutivos progressivamente mais elevados.

O homem entrópico.

A entropia ou segunda lei da termodinâmica, uma das leis básicas da física, prevê que, em condições normais, os sistemas deixados a si mesmos tendem a se tornar desordenados e corruptos em relação direta com a passagem do tempo. Cada coisa viva e não viva se desgasta, decai e se autodestrói. Este é o fim certo que, do ponto de vista físico, todos os seres terão que enfrentar; é um processo inevitável que não tem retorno.

Com menos pontualidade científica podemos imaginar que, além da entropia física que diz respeito a toda a matéria, existe uma entropia psíquica que diz respeito à humanidade. De fato, todo homem tem uma tendência inata à autodestruição, e a tendência dos indivíduos difundidos na sociedade pode inexoravelmente se tornar a tendência de comunidades e povos inteiros.

O homem tende à autodestruição muito mais do que qualquer outro ser vivo. A destruição do ecossistema e as guerras nucleares e bacteriológicas representam enormes perigos hoje, igualmente equilibrados pelos de ontem, como as guerras de religião e conquista, escravidão e todas as outras técnicas de assassinato e opressão, desde a primeira vez que Caim provavelmente usou uma pedra para matar seu irmão Abel.

A crueldade gratuita sustentada pela corrida armamentista sempre dominou o comportamento humano, sem perceber como a destruição do nosso próximo é a destruição de nós mesmos: inúmeras vezes corremos o risco de extinção, e ainda o arriscamos com maior certeza por causa do poder das armas atuais .

Muitas leis restritivas e mandamentos religiosos são projetados para conter a automutilação da espécie humana: não mate, não roube, não faça aos outros o que você não gostaria que fizessem a você. Apesar disso, o homem tem dentro de si o germe da autodestruição, parece buscar a própria morte e a dos outros. Apesar de estar ciente desse risco, o homem é incapaz de se emendar dessa sua entropia psíquica.

Na sua Carta aos Romanos, São Paulo descreve bem esta situação:

> "De fato, sei que o bem não habita em mim, isto é, na minha carne; há em mim o desejo do bem, mas não a capacidade de implementá-lo; na verdade, não faço o bem que quero, mas o mal que não quero. Agora, se faço o que não quero, já não sou eu que o faço, mas o pecado que habita em mim. Portanto, encontro em mim esta lei: quando quero fazer o bem, o mal está ao meu lado. De fato, eu concordo em meu coração com a lei de Deus, mas em meus membros vejo outra lei, que guerreia a lei de minha mente e me torna escravo da lei do pecado que está em meus membros. eu sou infeliz! Quem me libertará deste corpo condenado à morte?" (Rm 7, 18-25).

Entropia não é o que parece.

De fato, mesmo a entropia tem aspectos segundo os quais não é exatamente o que parece à primeira vista, ou seja, aquele "problema irreparável" descrito por Boris Yellnikoff no filme "Whatever Works" com a frase: "Chama-se entropia; é como quando a pasta de dente sai do tubo e não pode voltar para dentro."

Tomamos como certo que, no nível de nossa experiência sensorial, a entropia funciona exatamente como uma força desintegradora que atua na direção do tempo. No entanto, se sairmos de nosso nível para entrar em níveis de espaço e tempo que ultrapassam nossa experiência direta, podemos dar diferentes faces e significados à entropia.

Vamos dar um exemplo com o nosso planeta, a Terra, comparando o que era em seus primórdios e o que é agora.

O aparecimento da Terra primordial, há cerca de 4,5 bilhões de anos, foi absolutamente diferente do atual; sua superfície foi continuamente dilacerada por poderosas erupções vulcânicas e castigada por chuvas persistentes que durariam milhões de anos, até gerar os oceanos. Assim, um panorama quase infernal de rochas vulcânicas nuas iluminadas pelas lavas incandescentes das novas erupções. Certamente, um lugar onde teria sido impossível viver.

A primeira atmosfera da Terra, composta principalmente de hidrogênio, foi levada pelo vento solar, mas as erupções abundantes e contínuas formaram uma segunda atmosfera composta, entre outras coisas, de dióxido de carbono, monóxido de carbono, amônia, vapor de água e metano. Esse ambiente, com a ajuda de raios e radiação ultravioleta do Sol, foi um berço ideal para a formação de moléculas orgânicas prontas para evoluir para organismos cada vez mais complexos. Assim, a vida logo apareceu; os vestígios mais antigos conhecidos datam de 3,8 a 4 bilhões de anos atrás e são os ancestrais das bactérias atuais, organismos unicelulares muito simples e primitivos capazes, no entanto, de realizar as atividades fundamentais atribuídas aos seres vivos, ou seja, alimentar-se e reproduzir-se.

Mas como foi possível o desenvolvimento desses seres primordiais a partir das simples moléculas orgânicas presentes na atmosfera de quatro bilhões de anos atrás? O que a entropia estava fazendo enquanto isso acontecia? Porque, para sermos honestos, temos que reconhecer que foi um processo de construção, não de destruição.

É verdade que as esquálidas e nuas rochas vulcânicas acinzentadas submetidas à lei da entropia desmoronaram ao longo dos milênios, e cadeias de montanhas inteiras desapareceram e se nivelaram, para que qualquer observador humano pudesse atestar, em sua experiência, o poder destrutivo da entropia. Mas se aquele observador tivesse conseguido se libertar das limitações temporais de sua observação, estendendo-a mais por milênios, teria visto a rocha se transformar em partes cada vez menores até se tornar terra; ele então veria a terra se espalhar por vastas planícies e ofereceria um ambiente de vida favorável. Um observador certamente teria visto as águas erodindo e cavando as rochas, abrindo caminho e destruindo o ambiente atravessado, para depois se transformar em rios capazes de carregar elementos fertilizantes nas terras nascidos da desintegração das rochas, permitindo o desenvolvimento de ervas , plantas, flores. , insetos e outros seres vivos de todos os tipos, ou seja, daquela natureza que hoje definimos como maravilhosa e que é a base do nosso ciclo alimentar e da nossa sobrevivência.

Convenhamos: sem entropia não estaríamos aqui hoje. Portanto, além do que pode parecer a uma observação ocasional limitada no tempo, a ação final da entropia não é destrutiva, mas criativa.

A história da evolução contradiz radicalmente o princípio da entropia. Os evolucionistas argumentam que a combinação espontânea de átomos desordenados, dispersos e inorgânicos teria ocorrido em um tempo limitado e em uma ordem precisa para formar moléculas extremamente complexas, como proteínas e depois DNA, até a criação espontânea de milhões de espécies vivas com estruturas ainda . mais complexo.

A lei da entropia, quando declinada, nega que esse processo possa ocorrer; mas, de fato, foi. Os cientistas evolucionistas questionam esse problema sem serem capazes de propor soluções. O estudioso evolucionista Roger Lewin afirma em um artigo na revista Science:

> "De acordo com a segunda lei da termodinâmica, os sistemas devem decair ao longo do tempo, apresentando uma ordem menor, não maior."

O cientista evolucionista e médico Jesse Hackley Rush escreve:

> "No complexo curso de sua evolução, a vida revela um notável contraste com a tendência expressa na segunda lei da termodinâmica. Enquanto o último fala de um progresso irreversível em direção ao aumento da entropia e da desordem, a vida evolui continuamente para níveis mais altos de ordem".

O volume "The deception of evolution" (Harun Yahya) relata a opinião de outro cientista evolucionista, George Stravropoulos, publicada na conhecida revista científica American Scientist:

> "Em condições normais, nenhuma molécula orgânica complexa poderia se formar espontaneamente, mas sim se desintegrar, de acordo com a segunda lei. Na realidade, quanto maior a complexidade, maior a instabilidade e maior a certeza, mais cedo ou mais tarde, de sua desintegração. A fotossíntese e todos os processos da vida, e a própria vida, apesar da linguagem confusa, ainda não podem ser entendidas em termos de termodinâmica ou qualquer outra ciência exata."

Uma solução "ab absurdum" é proposta pelo famoso evolucionista Jeremy Rifkin em seu ensaio "Entropia", publicado em 1980, no qual fala de um "poder mágico" que permitiria que a evolução não fosse dominada pela entropia.

De fato, existe um "poder mágico" capaz de domesticar a entropia, e é a sincronicidade. Assim como no dualismo Mal-Bem as duas forças coexistem e criam uma realidade cósmica destinada, se algum dia acabar, à vitória do Bem, assim o dualismo Entropia-Sincronicidade opera no cosmos em um desafio que verá o vencedor, no final, a "Entidade" de onde emana a sincronicidade.

Sincronicidade como um projeto evolutivo inteligente.

A Sincronicidade é um projeto evolutivo guiado por uma inteligência, que podemos definir como "Mente Universal", capaz de intervir não só na vida dos indivíduos, como nos casos de Filipe e Mateus, mas também na vida de grupos, povos, nações e toda a humanidade. Isso justifica o fato de que nem a entropia nem o egoísmo humano impediram o universo físico de evoluir para uma perfeição cada vez maior em vez de uma desintegração, e a história da humanidade encontrar seu fim não na autodestruição coletiva, mas no desenvolvimento da arte, da cultura e, em última análise, a consciência de um destino que vai além da morte física.

Em meu livro anterior! Emaranhamento e Sincronicidade "Eu me debrucei sobre a circunstância verdadeiramente desconcertante de que a espécie humana, que começou há milhões de anos com os primeiros hominídeos, permaneceu no estado de civilização de pedra por um tempo imenso até, apenas doze mil anos atrás , deu início a um salto cultural extremamente rápido que nos levou hoje a viajar pelo sistema solar.

Tudo isso não é possível em um processo evolutivo gradual. Algo aconteceu há doze mil anos, algo que, após milhões de anos de sono cultural, desbloqueou a consciência humana permitindo que os picos de hoje fossem alcançados.

Quando acontece que algumas descobertas são feitas ao mesmo tempo, em lugares diferentes do mundo, por dois cientistas que desconhecem o trabalho um do outro, devemos imaginar que a entrada foi dada por uma psique coletiva, comum a ambos. Por exemplo, isso aconteceu com a invenção do telefone por Antonio Meucci em Nova York e Alexander Bell em Boston.

Em 22 de abril de 1984, os Centros de Controle e Prevenção de Doenças declararam publicamente que o vírus Lav francês foi definitivamente identificado como a causa da AIDS por pesquisadores do Instituto Pasteur. No dia seguinte, Margaret Heckler, secretária de Saúde e Serviços Humanos ", anuncia que Robert Gallo, diretor do laboratório de biologia celular de tumores do Instituto Nacional do Câncer, por sua vez isolou o vírus candidato a ser responsável pela doença de pacientes com AIDS, chamando-o de

Htlv-III. batalha entre os dois prestigiosos institutos de pesquisa, que reivindicam a paternidade da descoberta.

É inquestionável que muitas descobertas ou tecnologias como arcos, agricultura, pecuária ou construções em forma de pirâmide foram feitas por povos diferentes e muito distantes, praticamente "simultaneamente" se considerarmos que ocorreram nos últimos doze mil anos em uma história que durou um total de milhões.

Hoje, a principal preocupação de cientistas individuais e laboratórios de pesquisa é publicar os resultados antes que alguém o faça; na verdade, todos sabem, mesmo que não tenham um conhecimento preciso disso, que certamente outra pessoa, em algum lugar do mundo, está fazendo a mesma pesquisa que eles. Aliás, isso produz verdadeiras tragédias na consciência dos pesquisadores, divididos entre a urgência da publicação e o medo de não ter considerado algum aspecto que pudesse afetar os resultados.

Além disso, não podemos deixar de notar as inúmeras descobertas que ocorreram "por acaso", como se um misterioso ponto quisesse apontá-las de tempos em tempos. Estamos falando de raios X, supercolas, anestesia, penicilina, micro-ondas, sacarina, transistor, velcro, teflon, verdete e muitos outros, como a Coca-Cola. Isso foi inventado em 8 de maio de 1886 em Atlanta, (Geórgia, EUA) pelo farmacêutico John Stith Pemberton que absolutamente não queria inventar uma bebida, mas um remédio para dores de cabeça e cansaço, portanto um remédio. O primeiro nome que foi dado à bebida foi "Pemberton's French Wine Coca".

Sincronicidades culturais.

Joseph Cambray em seu livro "Synchronicity. Nature and Psyche in an Interconnected Universe" fala sobre sincronicidade cultural citando eventos que abrangem civilizações inteiras e milhões de pessoas, como o surgimento da democracia na Grécia clássica, evento que se desenvolveu ao longo de um tempo muito curto e em uma porção muito pequena do planeta.

Acredito que no momento vivemos outra grande sincronicidade cultural impulsionada pelo desenvolvimento da física quântica, ramo da ciência nascido há algumas décadas. A física quântica está revelando possibilidades incríveis, como a existência de níveis não físicos que interligam toda a matéria do universo em uma única rede.

São níveis em que partículas, sem massa e em forma de energia vibratória e informação pura, podem se libertar das restrições de tempo e espaço a que a matéria deve sofrer em nosso nível de compreensão.

A "sincronicidade quântica" que vivemos deve levar a um salto cultural impensável: a superação do materialismo e o nascimento de uma ciência unificadora de natureza e psique, espírito e matéria. Somente através de um nível psíquico será possível superar as barreiras físicas e entrar na Consciência do universo, para se beneficiar de toda a energia e inteligência nele contidas. Será um salto cujo potencial nem imaginamos e que abrirá as portas do "céu" à humanidade com tudo o que ela contém

O princípio antrópico.

"Somos a encarnação local de um Cosmos que cresceu para a autoconsciência.
Começamos a entender nossa origem: somos matéria estelar meditando nas estrelas "
(Carl sagan)

"Ó Sol resplandecente, o que você seria, se eu não estivesse aqui, para fazer você brilhar sobre mim?"
(Friedrich Nietzsche, Assim Falou Zaratustra)

O papel do homem no universo.

A ideia que emerge da leitura do capítulo anterior, segundo a qual uma "mente universal" operaria por meio de episódios de sincronicidade individual ou coletiva para o desenvolvimento cultural da humanidade, pressupõe que ao homem que vive no planeta Terra seja atribuído um papel central. Para cumprir esse papel, o homem seria objeto de atenção, proteção e orientação dessa "Mente".

Por outro lado, na cosmologia científica, o homem representa nada mais do que um produto da evolução da matéria, absolutamente irrelevante para o desenvolvimento do planeta Terra, muito menos para o do Universo. Na verdade, até o século XVI a visão cultural colocava o homem no centro do universo. A teoria posteriormente desenvolvida por Copérnico, segundo a qual os planetas giram em torno do Sol, fez com que a Terra se tornasse, a partir do centro do universo, um simples pequeno planeta. Consequentemente, o homem também se tornou apenas uma das muitas criaturas vivas em uma pequena parte do universo.

O princípio antrópico.

Em 1973 um cientista, Brandon Carter, desenvolveu uma nova formulação da relação que une o ser humano ao universo. Ele o chamou de "princípio antrópico" e o apresentou à comunidade científica durante um simpósio sobre "Comparação de teorias cosmológicas com dados observacionais", realizado em Cracóvia como parte das comemorações do 500º aniversário do nascimento de Nicolau Copérnico. Esse princípio, muito contestado em sua formulação dita "forte", derruba a visão copernicana da relação entre o ser humano e o cosmos e restitui sua centralidade ao homem.

Mesmo antes de Carter tornar a teoria pública, ela já estava sendo compartilhada com outros cientistas como Martin Rees, Freeman Dyson, John Wheeler e outros.

Figura 24 - Selos comemorativos emitidos pelos Correios da Polônia por ocasião das comemorações dos 500 anos do nascimento de Nicolau Copérnico, durante as quais Brandon Carter cunhou o termo Princípio Antrópico.

Figura 25 - Memória de Stephen Hawking, recentemente falecido, e seu livro "O universo em poucas palavras". No livro, ele trata de questões relacionadas à Teoria M sobre o universo multidimensional e frequentemente se refere ao "Princípio Antrópico" de Brandon Carter.

Deve-se dizer que um cientista do calibre de Stephen Hawking, a princípio duvidoso, após a formulação da Teoria M (teoria que unifica tudo em um universo multidimensional) mudou de opinião tornando-se um defensor do Princípio Antrópico e incluindo-o em todos seus estudos e publicações posteriores, como o livro "The Universe in a Nutshell".

Brandon Carter

Brandon Carter (fig. 26) é um físico australiano, conhecido por seus estudos sobre as propriedades dos buracos negros e pela descoberta de uma quarta constante de movimento, batizada, com referência ao seu nome, "constante de Carter". Ele é, portanto, um cientista de calibre, e isso o tornou particularmente confiável quando formulou a teoria que definiu como! Princípio Antrópico".

Em suas linhas gerais, esse princípio sustenta que a consciência humana não é o resultado casual da evolução da matéria, mas o ponto de chegada de uma evolução do universo que tendia justamente ao nascimento da consciência. O Princípio como Carter o enunciou em Cracóvia tem duas formulações, chamadas de "fraco" e "forte".

O princípio antrópico "fraco".

O chamado princípio antrópico fraco defende que a nossa posição no espaço e no tempo do universo é certamente privilegiada porque todas as constantes subjacentes ao funcionamento do universo estão calibradas nos valores mais adequados para o desenvolvimento do nosso tipo de vida. Devido a uma série de coincidências incríveis, as leis que governam o universo são consistentes com a possibilidade de que exista vida inteligente. Por exemplo, se o Sol tivesse um tamanho ligeiramente diferente, ou se a Terra girasse em torno do Sol a uma distância minimamente diferente, os mares se tornariam potes ferventes ou montanhas de gelo.

Figura 26 - Acima de John David Barrow e Frank Tipler, autores do livro "O princípio antrópico". Em baixo deixou Brandon Carter, que formulou a teoria.

A Terra gira com uma excentricidade muito pequena, igual a 2%, e a inclinação do eixo de rotação é tal que permite com precisão a alternância das estações.

A vida na Terra é baseada no carbono, que foi derramado em nosso planeta após a explosão das estrelas em que foi formado. As quatro forças fundamentais que regem o cosmos dependem de algumas constantes físicas como, por exemplo, a constante de Hubble, a constante de Planck, a constante gravitacional universal, a carga elétrica e a massa do elétron.

O fato de todas essas constantes estarem calibradas exatamente em valores capazes de permitir o desenvolvimento da vida é incrivelmente surpreendente: bastaria ter um valor minimamente diferente para tornar a vida impossível.

Os valores possíveis das quatro interações fundamentais (gravitacional, eletromagnética, nuclear fraca e nuclear forte) e das partículas subatômicas (próton, nêutron, elétron) seriam infinitos, e somente os valores que realmente medimos nos permitem criar uma rede interativa entre eles que dá origem a um universo que gera vida. Entre as infinitas configurações. apenas um foi escolhido, muito específico. Stephen Hawking escreve em seu livro "Dos buracos negros ao universo":

> "Se a densidade do Universo um segundo após o Big Bang fosse maior do que a densidade crítica em uma parte em cem bilhões, o Universo teria colapsado após 10 anos. Se, por outro lado, tivesse sido inferior ao mesmo valor, o Universo já estaria vazio após 10 anos de existência"

O princípio antrópico "forte".

O princípio forte afirma que o universo deve ser tal como é para permitir o desenvolvimento da vida, em determinado momento de sua história, que coincide com a época em que vivemos, ou seja, cerca de 14 bilhões de anos após sua formação. Entre os muitos universos que poderiam ter nascido do Big Bang, desenvolveu-se aquele que nos permite estar aqui hoje; a probabilidade de isso acontecer é de uma em vários bilhões; se tivesse acontecido por acaso, então o acaso teria ganho uma loteria impossível.

Isso significa que o universo foi projetado precisamente para nos permitir estar aqui hoje. O universo tem um propósito: hospedar o homem.

Portanto, o homem não seria um hóspede que por acaso estivesse por bizarro acaso em um universo que o ignora, mas a razão e o propósito para o qual o universo existe. Essa teoria implica que o universo foi formado com o objetivo de promover a vida e o desenvolvimento da consciência; isto é, que o universo foi concebido como um casulo, uma placenta na qual a vida em geral e a consciência humana em particular poderiam se originar.

A suposição de que o universo foi criado para nós certamente atribui um propósito ao cosmos, que não é mais uma massa caótica de matéria bruta, mas responde a um projeto de realização do homem em um devir não mais confiado ao acaso, e requer a presença de um "Design Inteligente", e portanto a existência de um "Designer" ou em qualquer caso daquela "Mente Universal" mencionada várias vezes nas páginas anteriores.

Isso também pode ter implicações religiosas sobre as quais, no entanto, não há pronunciamentos, pelo menos do lado católico. O padre Gabriel Funes, jesuíta, ex-diretor do "Observatório do Vaticano" que é o observatório astronômico da Igreja Católica, afirmou a esse respeito que "a Igreja não tem teoria e não tem uma posição sobre o princípio antrópico, mas permanece aberta a o que a ciência poderá descobrir". Não há pronunciamentos conhecidos do atual diretor, Irmão Guy Joseph Consolmagno.

John David Barrow e Frank Tipler.

Os físicos J. Barrow e F. Triple publicaram em 1986, nos Estados Unidos, o volume "The Anthropic Cosmological Principle" no qual não só tratam extensivamente da teoria, como propõem um estudo significativo da mesma.

Os dois autores descrevem amplamente a base conceitual do Princípio: se não houvesse um número alarmante de coincidências extraordinárias na forma das leis físicas e nos valores das constantes da natureza, a bioquímica, a vida e a vida inteligente não seriam possíveis . Um universo criado por acaso não permitiria a vida, e nem mesmo objetos astronômicos comuns e matéria comum seriam possíveis.

A partir dessa constatação, chegam à conclusão de que um projeto necessariamente existe. Em seu estudo, o princípio antrópico fraco, que se limitava ao reconhecimento dos fatos, evolui para o princípio forte. Barrow escreve no livro:

> "Tentando imaginar toda uma coleção de "outros universos hipotéticos" em que todas as quantidades que definem a estrutura do nosso universo assumem todas as possíveis permutações de valores, descobriríamos que quase todos esses universos possíveis que criamos no papel são natimortos , incapaz de gerar o tipo de complexidade química que chamamos de "vida". Essa descoberta levou Brandon Carter a sugerir que pode existir, no universo, algum aspecto metafísico mais especulativo, que ele chamou de "princípio antrópico forte", para distingui-lo do mais controverso princípio antrópico fraco. O princípio forte afirma que, uma vez que parece haver um número tão grande de "coincidências" notáveis e aparentemente desconexas conspirando para permitir que a vida seja possível no universo, isso deve dar origem a observadores em algum estágio de sua história. "

O "Princípio Antrópico Supremo".

Barrow e Tipler supõem uma terceira forma do Princípio Antrópico, o "Princípio Antrópico Supremo", segundo o qual "Um processamento inteligente de informação no universo deve necessariamente se desenvolver e, uma vez que apareça, isso nunca desaparecerá".

Segundo os dois estudiosos, um universo com a capacidade de produzir vida inteligente não faria sentido se esse universo não durasse o suficiente para poder desenvolver uma espécie inteligente.

O "Princípio Antrópico Participativo".

Esta forma do princípio antrópico é sugerida por John Archibald Wheeler como uma alternativa ao princípio forte. Segundo Wheeler, os observadores são necessários para a vida do universo, assim como são necessários para o seu conhecimento; portanto, o homem, como observador do universo, participa ativamente de sua própria existência.

"Missionários de Consciência"

Em 2005, um artigo apareceu no site do SETI (Search for Extra-Terrestrial Intelligence, um programa dedicado à busca de vida inteligente extraterrestre) intitulado "The Drake Equation" no qual o princípio participativo foi estendido. Referindo-se a quaisquer mensagens entre os habitantes do cosmos, o artigo afirmava que "A missão dos remetentes é espalhar a Consciência no Universo". Em outras palavras, quem envia mensagens ao universo torna-se um "missionário da Consciência". Ele espalha "Consciência", na forma que conhece, para entidades capazes de se beneficiar dela.

O princípio antrópico e o tempo.

A ciência mais objetiva não rejeita a razoabilidade do propósito antrópico, pois seria decididamente absurdo que uma construção cósmica tão perfeita derivasse do acaso e não tivesse propósito. Sendo assim, uma objeção frequente também é respondida: "Se o objetivo é o homem, que vive apenas no planeta Terra, por que o universo precisa de tanto espaço e tanta matéria?".

A resposta é que as constantes que permitem a vida levaram tempo e espaço para se materializar. Era necessário que o universo envelhecesse e se expandisse para permitir que as estrelas fabricassem os elementos químicos que são a base da vida na Terra, como o carbono. Além disso, não está excluída a existência de outros planetas nos quais a mesma vida se desenvolveu, bem como a possibilidade de o homem exportar sua civilização para outros planetas e galáxias.

O primeiro elemento que apareceu no universo foi o hidrogênio, cujo átomo contém apenas um próton. Cerca de três minutos após o Big Bang, a fusão de dois ou três átomos de hidrogênio permitiu a formação de hélio e lítio, que possuem dois e três prótons, respectivamente.

Dentro das estrelas, a fusão de dois átomos de hélio produziu berílio. Da fusão de um átomo de berílio e um átomo de hélio, nasceram átomos de carbono instáveis, que se tornaram estáveis apenas quando a temperatura na estrela subiu para 100 milhões de graus Kelvin. Por fim, quando a estrela, no final de sua vida, explodiu gerando uma supernova, o carbono e outros metais foram ejetados para o espaço e passaram a formar outros corpos celestes, inclusive planetas.

Neste ponto, tendo estabelecido que a vida é essencial para a existência do universo, e que o universo é provavelmente infinito no espaço e no tempo, podemos nos perguntar se a vida também tem o objetivo de se tornar infinita no tempo e no espaço. E sobretudo se esse infinito (imortalidade) pode ser referido à vida em geral entendida como a conservação da espécie, ou nem mesmo a cada indivíduo individualmente.

Seria possível imaginar seres vivos imortais?

Já atribuímos imortalidade aos componentes essenciais da matéria, os átomos. No campo biológico, entre os seres vivos, podemos nos referir às bactérias, que geralmente não terminam sua existência com a morte, mas com a cisão. As bactérias têm a capacidade de se dividir em duas partes, cada uma das quais retém toda a composição genética da bactéria original. Salvo acidentes, esse processo dura indefinidamente e é fácil calcular que, se uma bactéria se decompõe a cada meia hora, em um dia ela é capaz de gerar 250.000 bilhões de bactérias semelhantes.

Se organismos ainda superiores, como o homem, alcançassem a capacidade de se dividir mantendo a herança neuronal, ou seja, a autoconsciência, eles praticamente se tornariam imortais. Isso, no momento, deve ser considerado impossível: de fato, as bactérias são constituídas por uma única célula enquanto o corpo humano inclui miríades de células especializadas de forma diferente para cada órgão (pele, fígado, etc.) dividir ao mesmo tempo.

O Ponto Ômega de Frank Tipler.

Frank Jennings Tipler (fig. 26) co-autor com John Barrow de "The Anthropic Principle", é um conferencista e escritor americano que ensina física matemática na Universidade de Tulane em Nova Orleans. A maioria de seus estudos se concentrou na física da viagem no tempo.

Ele também é conhecido por ser o autor da teoria do "Ponto Ômega", que na verdade retoma a teoria homônima anteriormente desenvolvida pelo cientista jesuíta francês Pierre Teilhard de Chardin.

Tipler tenta estudar o destino final do universo de forma semelhante ao que Isaac Asimov faz em seu romance "Last Question". Em sua proposição, que se baseia em hipóteses razoáveis e adequadas para sustentá-la, ele parte do conceito de "progresso eterno" para hipotetizar a existência futura de um Deus, ou seja, um homem ou alienígena que se tornou imortal, assemelhando-se ao super-homem de Nietzsche. Ele também levanta a hipótese da ressurreição dos mortos por computador e "upload da mente". Esta técnica permitiria a recuperação e transferência do patrimônio mental de um indivíduo do antigo para um novo corpo, ou para o corpo ressuscitado dos mortos.

Além disso, Tipler levanta a hipótese de que, graças a um supercomputador, o universo poderia ser dobrado aos desejos da humanidade, mesmo agindo sobre o tempo que já passou; desta forma seria possível reconstruir eventos, mundos e pessoas do passado, com uma técnica de eterno retorno guiado.

De fato, Tipler propõe uma perspectiva ligada ao transumanismo, um movimento cultural que defende o uso da ciência e da tecnologia para aumentar as capacidades físicas e mentais e melhorar todos os aspectos indesejáveis ou prejudiciais da condição humana, como doença e envelhecimento. transformação possível que iria além da condição humana.

As teses de Tipler, como esperado, suscitaram muita controvérsia no mundo científico. Em uma revisão do livro de Tipler "A física da imortalidade", o físico sul-africano George Ellis chama a teoria do Ponto Ômega "uma obra-prima da pseudociência".

Outros cientistas, como o físico David Deutsch, da Universidade de Oxford, consideram os argumentos de Tipler consistentes. Em seu livro "The Fabric of Reality" Deutsch, expondo sua Teoria de Tudo, ele incorpora o Ponto Ômega de Tipler.

No centro espiritual do universo.

Em resumo, podemos dizer que estamos aqui por causa do universo e o universo está aqui por causa de nós. O Princípio Antrópico está reconfigurando o pensamento científico moderno. Isso começou com Copérnico e sua descoberta de que a Terra e os planetas giram em torno do Sol; com isso, havia subvertido o pensamento aristotélico que colocava a Terra e o homem no centro geográfico do universo.

Os desenvolvimentos na física moderna estão fazendo uma nova reversão. Desta vez, o homem, embora já não seja o centro geográfico, como bem demonstrou Copérnico, afirma-se firmemente como centro espiritual ou psíquico.

Segunda parte. As confirmações.

Mas o que é matéria?

"A física moderna, portanto, representa a matéria não como passiva e inerte, mas em contínua dança e estado de vibração, cujas figuras rítmicas são determinadas por estruturas moleculares, atômicas e nucleares. É também assim que os místicos orientais veem o mundo material. Todos eles enfatizam que o universo deve ser apreendido em seu dinamismo enquanto se move, vibra e dança; que a natureza não está em equilíbrio estático, mas dinâmico."

(Fritjof Capra, físico e ensaísta)

Procurando por evidências.

Na primeira parte do livro apresentei muitas teorias elaboradas e propostas por cientistas, baseadas em pensamento, filosofia e dedução lógica, mas não apoiadas por nenhuma evidência experimental reconhecida pela comunidade credenciada. Um primeiro passo importante para dar dignidade científica a todas as hipóteses discutidas consistiria em estabelecer uma ligação verificável entre o nível físico de funcionamento da matéria e um nível "espiritual", ou seja, não determinístico.

No nível de nossa experiência, que é absolutamente determinista, é difícil encontrar conexões não materiais: uma mesa ou uma cadeira são pedaços de madeira ou metal e não inspiram, até onde nossos sentidos aparecem, implicações psíquicas ou metafísicas.

Isso não é mais o caso, porém, quando entramos no nível extremamente pequeno, observando o comportamento das partículas elementares. Quando finalmente, nas últimas décadas, o homem conseguiu penetrar na realidade subatômica, a natureza lhe reservou incríveis surpresas das quais é possível deduzir a existência de um nível exclusivamente psíquico, feito não de matéria, mas de energia e informação inteligente.

Esta segunda parte do livro será dedicada a explorar o maravilhoso mundo das partículas subatômicas.

Albert Einstein introduziu o conceito de relatividade na física. Muitas certezas, decorrentes de nossa forma de entender o mundo, desmoronaram quando aprendemos que tempo e espaço são conceitos relativos e podem ter valores diferentes dependendo das condições. O "paradoxo dos gêmeos" é paradigmático: um dos dois sobe em uma nave espacial e viaja pelo espaço por muitos anos, a uma velocidade próxima à da luz. Quando volta para casa, descobre que o tempo passou muito mais devagar para ele do que para as pessoas que ficaram na Terra e muitas delas, que tinham a mesma idade que ele, já estão mortas: seu próprio gêmeo é muitos anos mais velho.

Diante dessa evidência científica, não devemos nos surpreender ao descobrir que a matéria também é relativa. No nível macroscópico ou área de tamanho médio em que vivemos, geralmente aparece bem definido: seus limites podem ser determinados, pode ser pesado e medido, seu grau de dureza ou maleabilidade pode ser estabelecido. Se não, estaríamos em apuros todos os dias. Essas propriedades da matéria permanecem inalteradas mesmo em nível astronômico, e as leis físicas relativas à mesa em nossa cozinha também se aplicam ao último planeta de uma galáxia distante.

No nível subatômico, porém, ou seja, no extremamente pequeno, as coisas mudam e a matéria torna-se algo muito obscuro em relação à sua verdadeira essência. O nível subatômico é o das partículas elementares, que são os componentes internos do átomo.

Filosofia e misticismo da física.

A filosofia da física estuda os aspectos lógicos e metafísicos de conceitos como energia, tempo, espaço e matéria. Ela está particularmente interessada em questões de causalidade e determinismo.

É claro que a filosofia se interessou pela física quântica desde seu nascimento, devido à sua capacidade de minar aspectos fundamentais da tradição científica, como o conceito de medição, que foi substituído abruptamente pelo de incerteza.

A operação da medição no nível subatômico torna-se impossível, pois é realizada em elementos tão pequenos que são perturbados pela própria medição. Consequentemente, os átomos não podem ser observados diretamente mesmo com o microscópio mais poderoso, mas apenas "teorizados".

Com isso sanciona-se o fracasso do determinismo tão caro a Pierre Simon Laplace e anuncia-se o nascimento de novos valores como o probabilismo e o indeterminismo.

O indeterminismo é uma atitude filosófica, encabeçada pelo astrônomo inglês Arthur Eddington, que admite a ação do acaso no delineamento da vontade ou da realidade, ou seja, admite que as coisas também podem acontecer por acaso, sem razão aparente, e não apenas como um produto de causa e efeito. A noção de indeterminismo tem uma definição clara:

> "O estado atual do sistema físico não é completamente definível, ou muitos estados futuros possíveis podem corresponder ao mesmo estado presente completamente definido, dos quais apenas um será realizado."

Entre os defensores do indeterminismo estão os maiores físicos de nossos tempos: Werner Karl Heisenberg, Niels Bohr, Arthur Compton, Pascual Jordan, Hans Reichenbach, Robert Millikan, Georges Lemaître e outros.

A física quântica sai do rigor determinista e nos leva a uma concepção substancialmente mística do cosmos, baseada em elementos que lembram um possível componente espiritual ao lado do material. Pensar sobre a realidade das coisas remonta a mais de dois milênios atrás, às intuições dos primeiros filósofos gregos. No entanto, ao contrário do que acontecia naquela época, a visão do cosmos que está surgindo hoje não se baseia na intuição, mas em experimentos conduzidos com grande precisão nos melhores laboratórios de física.

As raízes de toda a ciência ocidental e da física em particular encontram-se no século VI aC, em um período que não conheceu divisão entre religião, filosofia e ciência, entre os sábios da escola de Mileto. Seus estudos visavam descobrir a real constituição da matéria, que eles identificaram no termo physiká, daí hoje física. O physiká representava o esforço de descobrir a essência das coisas. Com base em suas suposições, os filósofos de Mileto foram definidos como "ilozoístas", termo que significa "aqueles que pensam que a matéria é animada". De fato, eles não faziam distinção entre espírito e matéria; aliás, nem sequer tinham um termo que definisse a matéria, pois para eles todas as formas de existência eram dotadas de vida e espiritualidade. Em particular, Tales argumentou que as divindades estavam presentes em todas as coisas e Anaximandro descreveu o Cosmos como um único organismo alimentado pelo pneuma.

Mais tarde, Heráclito de Éfeso descreveu um mundo em constante mudança, um eterno "tornar-se". Ele acreditava que todas as transformações do mundo derivam da ação dos opostos, e que cada par de opostos deve ser considerado como uma unidade, à qual deu o nome de Logos. Dos opostos de Heráclito, surgiram correntes de pensamento que levaram à separação entre espírito e matéria.

Parmênides de Eléia, em nítido contraste com o eterno devir de Heráclito, chamou seu princípio fundamental de "Ser imutável", e argumentou que toda mudança era pura ilusão dos sentidos. De seu pensamento nasceu a ideia de uma substância indestrutível colocada na base das propriedades das coisas mutáveis.

Do contraste entre "devir eterno" e "Ser imutável" desenvolveu-se um pensamento que contemplava o "Ser" como presente em certas substâncias invariáveis que, no entanto, misturando-se e separando-se, davam origem a mudanças e formas diferentes. Daí nasceu o conceito de átomo, como a menor parte indivisível da matéria que, no entanto, é a base de tudo, apesar de todas as diferenças aparentes. De fato, hoje sabemos que todas as coisas são feitas de átomos.

Os atomistas, incluindo Demócrito, definiram uma separação clara entre espírito e matéria e a imaginaram como composta de "tijolos fundamentais", ou seja, partículas completamente passivas e inertes que se moviam no vácuo, e cujo movimento poderia ser devido a forças externas, forças de origem espiritual, não material.

Essa imagem tornou-se então predominante no pensamento ocidental, dando origem ao dualismo entre corpo e alma.

Aristóteles, em sua crença de que os problemas relativos à alma eram mais importantes do que os relativos ao mundo material, criou um padrão de pensamento que seria a base da concepção do universo em todo o Ocidente por quase dois mil anos. O cristianismo também apoiou as doutrinas aristotélicas ao longo da Idade Média.

No Renascimento, o estudo da natureza foi enfrentado pela primeira vez por meio de metodologias científicas, ou seja, aplicando experimentos controlados a hipóteses teóricas. Galileu Galilei foi o primeiro a seguir esse caminho e, portanto, é considerado o pai da ciência moderna.

O nascimento da ciência moderna foi acompanhado pelo desenvolvimento do pensamento filosófico que acentuou o dualismo "espírito-matéria". No século VIII, René Descartes descreveu uma natureza fundada na separação fundamental entre duas realidades distintas e independentes, a mente (res cogitans) e a matéria (res extensa). A separação cartesiana permitiu que o mundo científico considerasse a matéria como algo inerte e completamente distinto de si mesmo, e levou a uma representação do mundo semelhante a um acúmulo de diferentes objetos, objetos que compõem uma imensa máquina sem vida.

A carruagem do rei Milinda.

O Milindapañha é um texto budista composto na forma de um diálogo filosófico, ambientado na cidade de Sāgalā, atual Siyālkoṭ. O diálogo ocorre entre o monge Nagasena e Milinda, historicamente identificável com o governante indo-grego Menandro I que reinou no Punjab entre 155 e 130 aC. cerca de.

> "O rei Milinda foi até onde estava o monge Nagasena e, depois de tê-lo saudado educada e amavelmente, perguntou-lhe:
>
> "Como você é conhecido e qual é o seu nome?"
>
> Nagasena respondeu: "Sou conhecido como Nagasena, ó rei, e por esse nome meus irmãos e pais se dirigem a mim".
>
> "Você me diz que seus irmãos estão acostumados a se referir a você como Nagasena. Agora, o que exatamente é Nagasena? Você quer dizer que o cabelo é Nagasena?"
>
> "Eu não estou dizendo isso, grande rei."
>
> "Ou pelos do corpo?"
>
> "Certamente não."

"Talvez Nagasena seja as unhas, os dentes, a pele, a carne, os nervos, os ossos, a medula? Alguma ou todas essas coisas são Nagasena?"

A cada uma dessas perguntas o monge respondeu que não.

"Então a forma externa é Nagasena? São sensações ou percepções ou consciência Nagasena?"

A cada uma dessas hipóteses ele respondeu que não.

"Então, Nagasena é um som vazio e vão. Quem é Nagasena que vejo na minha frente? Nagasen é uma mentira, um engano!"

Então o monge Nagasena disse ao Rei Milinda:

"Você, Majestade, cresceu no luxo. Se você andar em terreno pedregoso ou arenoso, seus pés sentirão dor. Então eu te pergunto: como você veio parar aqui? Você veio a pé ou de carroça?"

"Eu não vim a pé. Eu vim de carroça."

"Então, se você veio em uma carruagem, Majestade, explique-me o que é uma carruagem. Os cavalos são a carruagem?"

"Eu não disse isso."

"A carruagem é o eixo das rodas?"

"Claro que não."

"Talvez a carruagem sejam as rodas ou as cordas ou a estrutura ou o jugo ou os raios das rodas?"

A todas essas perguntas Milinda respondeu que não.

"Mas talvez a carruagem seja algo diferente do que mencionei? "

Milinda respondeu novamente que não.

"Então", carruagem "é um som vazio e vão. Em qual carruagem você teria vindo? O que você disse é mentira! Por que você está dizendo coisas falsas?"

Então Nagasena chamou os gregos e os monges como testemunhas, dizendo:

"O rei Milinda disse que veio em uma carruagem. Mas quando lhe pedi para explicar o que é uma carruagem, ele não conseguiu fazê-lo."

Os gregos e os monges aplaudiram e disseram ao rei:

"Agora, Majestade, responda se puder!"

Milinda, o rei, respondeu a Nagasena, dizendo:

"Eu não disse nenhuma inverdade, venerável senhor. O conjunto constituído pelos cavalos, o eixo, as rodas, a armação, as cordas, a canga, os raios e o aguilhão, indica a designação comum de carruagem".

"Muito bem! - disse Nagasena. Você entende exatamente o significado de carruagem. Da mesma forma, é o conjunto de cabelos, unhas, dentes, percepções, sentimentos e consciência que indica Nagasena."

Então, o que é a carruagem realmente? Os materialistas diriam que não há carruagem sem as partes individuais. As partes são o todo, e a carruagem existe apenas como um fato acessório, um epifenômeno cuja presença ou ausência não afeta a existência das partes. O fato de as partes, como um todo, constituírem uma carruagem, é mera coincidência.

Numa visão mais espiritual, diríamos que as partes isoladas adquirem um significado apenas quando, combinadas com a inteligência, dão forma à carruagem, ao próprio Nagasena e a tudo o que existe no universo. No entanto, cada conjunto de peças montado logicamente requer um design inteligente que vai muito além da inércia dos materiais que o compõem.

A separação de Descartes.

A visão mecânica do mundo foi endossada por Isaac Newton, que a usou para construir sua ciência mecanicista, lançando as bases da física clássica. A visão newtoniana dominou o mundo de meados do século XVII até o final do século XIX.

A filosofia de Descartes não foi apenas importante para o desenvolvimento da física clássica, mas teve um enorme impacto no pensamento ocidental.

Sua famosa frase "Cogito ergo sum" (penso, logo existo) fez o homem se identificar mais com sua própria mente do que com seu corpo. Como consequência, o homem tem consciência de si mesmo como um "outro" que vive dentro de seu próprio corpo. A mente, separada do corpo, recebe a tarefa de controlá-lo; isso causa um conflito entre vontade e instintos.

Essa separação do corpo se estende ao mundo exterior, visto como um conjunto de objetos e eventos separados. O ambiente natural é composto por partes que podem ser agrupadas em grupos de interesse (árvores, estrelas, minerais ou, na verdade, a carruagem do rei Milinda).

A sociedade também se divide em raças, nações, povos, religiões e grupos políticos, e nosso círculo íntimo se divide entre "meu condomínio, meus parentes, meus amigos, colegas de trabalho, aqueles que têm o mesmo hobby, os frequentadores do meu supermercado". Essas divisões estão na raiz de todas as crises sociais e culturais e causaram essa desordem e essa distribuição injusta de recursos que muitas vezes resulta em violência e guerra.

O pensamento cartesiano trouxe benefícios e malefícios; ele deve ser creditado por ter introduzido a separação em nível científico, enquanto quanto aos males sociais é evidente que eles existiam bem antes de Descartes, a quem, portanto, nenhuma culpa deve ser atribuída, mas sim a clareza de ter destacado a separação entre espírito e matéria como a origem de tais problemas.

É interessante notar como a ciência moderna, nascida da separação cartesiana e da concepção mecanicista de Newton, está repensando esses conceitos e retornando à ideia expressa pelas primeiras filosofias gregas, a de um cosmos baseado na cooperação do espírito e da matéria.

Por que há algo em vez de nada?

A ciência muitas vezes questiona "como" as coisas acontecem. Ele também pergunta "por que" eles ocorrem, mas com muito menos frequência. De fato, as crenças deterministas pressupõem que o "porquê" é dado como certo e pode ser encontrado logicamente em uma sucessão de causas e efeitos. "Algo" causa "algo mais", e basta reconstruir todos os passos para entender a origem do fenômeno. Portanto, o "porquê" está implícito no "como", ou seja, não existe o porquê.

Esse discurso torna-se impraticável quando falamos do primeiro nascimento do universo porque, se considerarmos o momento anterior à sua existência, naquele momento não estava operando nenhuma causa que iniciasse a cadeia de efeitos. Portanto, neste nível, ambas as questões, sobre como e por que, permanecem sem resposta.

As ciências que tentam resolver este problema são a cosmologia e a física. O estudo do cosmos mostrou que ele está em fase de expansão, porque continua a se estender pelo espaço. Partindo das condições atuais e simulando um caminho para trás, ou seja, uma contração, chegamos ao ponto em que a densidade da matéria e sua temperatura se tornam infinitas, uma situação impossível. Portanto, pode-se supor que o universo começou em um momento específico, colocado entre o momento atual e um momento no passado localizado temporalmente antes que as condições, retrocedendo novamente, se tornassem impossíveis.

Haveria um momento preciso em que a expansão teria começado e o universo teria "nascido". Isso, no entanto, pode nos fornecer informações sobre como, mas não explica o porquê.

Existem muitas tradições culturais e religiosas que tentam fornecer respostas. Os estudiosos da Bíblia há muito debatem se a criação utilizou matéria inerte preexistente ou ocorreu do nada.

Tanto a antiga exegese judaica quanto Fílon, na tradição helenística, concordam em apoiar a creatio ex-nihilo (do nada), hipótese ainda hoje sustentada pelo cristianismo.

Em muitos outros casos, propõe-se um universo que se remodela a partir de uma situação inicial de caos, ou de um vazio não estruturado.

Às vezes, o universo pode surgir de um útero primordial, ou pode nascer de um ovo pré-existente.

Há também tradições segundo as quais o universo teria sempre existido, segundo uma concepção de tempo inspirada nas civilizações agrícolas, segundo a qual tudo estaria sujeito a um ciclo perpétuo de morte e renascimento.

Na maioria das hipóteses consideradas, excluindo a bíblica, a preexistência de uma matéria é tida como certa, ainda que sob a forma de caos, útero ou ovo, e não se pergunta de onde vem. No entanto, todas as tradições não explicam como o processo de transição do nada para algo poderia ter ocorrido, exceto por um ato criativo divino.

Tudo começa com o Big Bang.

O Big Bang é um modelo cosmológico baseado na ideia de que o universo começou a se expandir em altíssima velocidade em um tempo precisamente definível no passado e que esse processo continua até hoje.

É a ideia predominante na comunidade científica atual, pois teve confirmações baseadas em evidências e observações astronômicas.

Em particular, o fato de elementos leves como hidrogênio e hélio serem particularmente abundantes de acordo com os valores previstos joga a favor da teoria do Big Bang; outra confirmação vem da existência da radiação cósmica de fundo, com um espectro coerente em relação às expectativas. Essas e outras aquisições experimentais convenceram a maioria dos cientistas de que um evento semelhante ao Big Bang realmente ocorreu há cerca de 14 bilhões de anos.

Quando foi proposta, a aceitação da ideia não foi tida como certa nem tranquila. O Big Bang pressupunha a criação de toda energia e toda matéria (que na verdade é uma forma diferente de energia) em um ato inicial, mais ou menos como argumentaram Descartes e Newton e como argumentaram aqueles que viram no surgimento do universo a intervenção criativa de Deus.

Esta circunstância produziu o resultado de que a comunidade científica estava muito relutante em aceitar a teoria. Em vez disso, a Igreja Católica, com o Papa Pio XII, aceitou-o plenamente em um discurso que ele fez na quinta-feira, 22 de novembro de 1951, na Pontifícia Academia de Ciências:

> "Duas perguntas vêm à mente de forma tão espontânea: a ciência é capaz de dizer quando ocorreu esse poderoso início do cosmos? E qual era o estado inicial e primitivo do universo? Os mais excelentes especialistas em física do átomo, em colaboração com astrônomos e astrofísicos, tentaram esclarecer esses dois problemas árduos, mas extremamente interessantes. (...)
>
> É inegável que uma mente esclarecida e enriquecida pelo conhecimento científico moderno, que avalia serenamente este problema, é levada a romper o círculo de uma matéria completamente independente e autóctone, seja porque é incriada, seja porque é criada por ela mesma, e a volte para um Espírito, Criador. Com o mesmo olhar claro e crítico com que examina e julga os fatos, uma mente iluminada vislumbra e reconhece a obra da onipotência criadora, cuja virtude, estimulada pelo poderoso "Fiat" pronunciado há bilhões de anos pelo Espírito Criador, se desdobrou no universo ,. Com um gesto de amor, uma exuberante matéria de energia foi chamada à existência. Realmente parece que a ciência de hoje, de repente voltando milhões de séculos, conseguiu testemunhar aquele "Fiat lux" primordial, quando um mar de luz e radiação irrompeu do nada com matéria, enquanto as partículas de elementos

Figura 27- Niels Bohr, físico dinamarquês e iniciador da Escola de Copenhague. Nos anos seguintes a 1920, ele aperfeiçoou o modelo clássico do átomo e recebeu o Prêmio Nobel em 1922.

> químicos eles divididos e reunidos em milhões
> de galáxias." (Pio XII)

A teoria do Big Bang continha implicações teológicas pelas quais foi rejeitada e contestada, às vezes apenas porque a Igreja a apoiava. Alguns físicos renomados levantaram a hipótese de que essa teoria fazia parte de uma trama tramada pela própria Igreja. O astrônomo Fred Hoyle condenou o Big Bang chamando-o de modelo construído sobre fundamentos judaico-cristãos e formulou a hipótese alternativa do universo estacionário, onde a criação de nova matéria ocorre continuamente; essa teoria, no entanto, foi abandonada há algum tempo porque teria previsto o nascimento de galáxias em movimento entre as já existentes, algo não verificado: não há galáxias jovens posicionadas entre as antigas. As galáxias mais jovens, ou seja, as nascidas antes, são as mais distantes de acordo com a expansão do universo que continua após um ato criativo inicial.

Hoje a teoria do Big Bang é aceita pela maioria absoluta da comunidade científica, sem, obviamente, aceitar a ideia de que o momento criativo inicial originou-se de uma vontade divina.

O átomo e sua representação clássica.

O átomo (do grego atomos, indivisível) é uma estrutura básica da matéria; na verdade, toda a matéria é composta de unidades elementares chamadas átomos. Isso se aplica à matéria nos estados sólido, líquido e gasoso. Deve-se notar que esta afirmação é difícil de conectar ao estado de plasma, onde os valores particularmente altos de pressão e temperatura impedem a formação de átomos. O átomo era considerado a menor e indivisível unidade da matéria até que, em 1897, Joseph Thompson anunciou a descoberta do elétron, provando que o átomo é realmente divisível.

Hoje sabemos que os átomos são compostos de elementos subatômicos, como prótons (com carga positiva), nêutrons (sem carga) e elétrons (com carga negativa). Os átomos formam moléculas agregando em níveis mais altos.

O último modelo clássico da estrutura do átomo é o desenvolvido em 1913 por Niels Bohr, que ainda é válido hoje sem variações substanciais.

De acordo com este modelo, o átomo consiste em um núcleo, em torno do qual os elétrons giram. O núcleo, por sua vez, é formado por dois tipos de partículas, prótons e nêutrons. Os prótons têm carga elétrica positiva, enquanto os nêutrons têm carga elétrica neutra. Os elétrons, por outro lado, possuem carga elétrica negativa e se movem no espaço sideral ao redor do núcleo, equilibrando sua atração com a energia de rotação, assim como a rotação da Lua equilibra a atração da Terra. No geral, o átomo é eletricamente neutro, pois o número de prótons (número atômico) e o de elétrons é o mesmo. Na natureza, os átomos diferem uns dos outros no número de prótons presentes no núcleo: a soma de prótons e nêutrons é chamada de número de massa.

Atualmente o estudo do núcleo atômico e seus componentes está vinculado ao desenvolvimento da física de partículas; nos últimos anos tem sido possível definir a estrutura do núcleo com mais precisão, principalmente com os experimentos realizados em aceleradores. De acordo com o Modelo Padrão de partículas, prótons e nêutrons são compostos de quarks.

Para se ter uma ideia do tamanho de um átomo essas comparações podem ser úteis:

- o diâmetro de um cabelo humano corresponde a cerca de um milhão de átomos de carbono dispostos em fila;
- se uma laranja se tornasse do tamanho do planeta Terra (cerca de 12.700 km de diâmetro) seus átomos seriam aproximadamente do tamanho da laranja original (cerca de 10 cm de diâmetro).

Também é importante notar que o átomo é essencialmente vazio. De fato, se o núcleo de um átomo tivesse um diâmetro de 3-4 milímetros, seu elétron mais externo giraria a uma distância de cerca de cem metros.

A representação estática do átomo que acabamos de expor é uma hipótese de trabalho válida, mas a física quântica está mostrando que no nível subatômico há mais probabilidades do que certezas. Uma certeza que certamente foi desmentida é que as partículas são “pedaços de matéria”, mesmo que muito pequenos. Nada mais questionável.

Física quântica.

A física quântica é a teoria que descreve o comportamento da matéria e da radiação, bem como as interações recíprocas, nas muito pequenas escalas de comprimento ou energia, típicas dos átomos.

No final do século XIX, a física clássica parecia incapaz de descrever o comportamento da matéria e da radiação eletromagnética no nível microscópico, ou seja, nas dimensões iguais ou menores que as de um átomo, ou em energias relativas às ligações internas dos átomos. . Portanto, no início dos anos 1900 tornou-se evidente que era necessário o nascimento de uma nova física, completamente diferente da clássica desenvolvida até então.

Assim nasceu a teoria quântica, também chamada de física quântica ou mecânica quântica. Este ramo da física foi inicialmente introduzido por Max Planck e baseia-se no fato de que algumas quantidades ou quantidades no nível microscópico, como energia ou "momento angular", não podem variar linearmente, mas apenas por valores discretos, chamados "quanta".

Além das partículas constituintes dos principais componentes do átomo, ou seja, prótons, nêutrons e elétrons, existem muitas outras, e quase se poderia dizer que uma nova é descoberta a cada dia. Uma partícula que nos interessa de maneira particular é o fóton, que é o quantum de luz: a partícula que faz as estrelas brilharem e faz o sol brilhar.

O conceito de "quanto" é bastante curioso e foi aceito com grande dificuldade pelos cientistas dos séculos XIX e XX.

Em nosso nível macroscópico, consideramos natural o conceito de que todas as quantidades podem assumir um conjunto contínuo de valores. Por exemplo, além do quilo também consideramos o quintal e a tonelada, assim como o hectograma, o grama, o miligrama e assim por diante, então torna-se natural que um objeto possa pesar, por exemplo, 7 quilos e 356 gramas , ou seja, 7365 gramas.

A mecânica quântica, por outro lado, prevê que as diferentes quantidades podem assumir apenas um determinado conjunto de valores, múltiplos de um valor fundamental que não pode ser decomposto. Este valor é chamado de "quantum de matéria ou energia".

Imagine um supermercado onde você pode comprar frutas soltas ou pedaços de manteiga de 100 gramas. Será fácil para você colocar 1.365 quilos de maçãs no carrinho, enquanto no caso da manteiga, você só pode comprar 100, 200 ou 300 gramas, dependendo do número de blocos que você colocar no carrinho. O mundo das partículas prevê que a energia e a matéria não estão disponíveis em massa, mas apenas na forma de blocos, ou tijolos, que no entanto são chamados de quanta.

Portanto, no mundo das partículas, a energia e a matéria, além de não poderem ser reduzidas a valores inferiores do "quântico", estão disponíveis apenas como múltiplos do próprio quantum; qualquer um de seus valores deve corresponder a quantidades inteiras de quanta. Como é facilmente entendido, o quantum tem um valor extremamente baixo.

No universo, tudo é feito de quantos, até mesmo o livro que você está lendo. A razão pela qual você não sente sua "granulação" é que os quanta são tão pequenos que nossos sentidos não podem percebê-los, assim como não percebemos átomos individuais ou mesmo moléculas isoladas de maneira distinta.

Um dos primeiros casos estudados é a quantização de energia: por exemplo, os elétrons de um átomo só podem ter certos valores de energia, então eles podem girar em torno do núcleo apenas em certas órbitas, não em qualquer órbita. A física quântica é a teoria que descreve o comportamento da matéria e da radiação, bem como as interações recíprocas, nas muito pequenas escalas de comprimento ou energia, típicas dos átomos.

No final do século XIX, a física clássica parecia incapaz de descrever o comportamento da matéria e da radiação eletromagnética no nível microscópico, ou seja, nas dimensões iguais ou menores que as de um átomo, ou em energias relativas às ligações internas dos átomos. . Portanto, no início dos anos 1900 tornou-se evidente que era necessário o nascimento de uma nova física, completamente diferente da clássica desenvolvida até então.

Assim nasceu a teoria quântica, também chamada de física quântica ou mecânica quântica. Este ramo da física foi inicialmente introduzido por Max Planck e baseia-se no fato de que algumas quantidades ou quantidades no nível microscópico, como energia ou "momento angular", não podem variar linearmente, mas apenas por valores discretos, chamados "quanta".

Além das partículas constituintes dos principais componentes do átomo, ou seja, prótons, nêutrons e elétrons, existem muitas outras, e quase se poderia dizer que uma nova é descoberta a cada dia. Uma partícula que nos interessa de maneira particular é o fóton, que é o quantum de luz: a partícula que faz as estrelas brilharem e faz o sol brilhar.

O conceito de "quanto" é bastante curioso e foi aceito com grande dificuldade pelos cientistas dos séculos XIX e XX.

Em nosso nível macroscópico, consideramos natural o conceito de que todas as quantidades podem assumir um conjunto contínuo de valores. Por exemplo, além do quilo também consideramos o quintal e a tonelada, assim como o hectograma, o grama, o miligrama e assim por diante, então torna-se natural que um objeto possa pesar, por exemplo, 7 quilos e 356 gramas , ou seja, 7365 gramas.

A mecânica quântica, por outro lado, prevê que as diferentes quantidades podem assumir apenas um determinado conjunto de valores, múltiplos de um valor fundamental que não pode ser decomposto. Este valor é chamado de "quantum de matéria ou energia".

Imagine um supermercado onde você pode comprar frutas soltas ou pedaços de manteiga de 100 gramas. Será fácil para você colocar 1.365 quilos de maçãs no carrinho, enquanto no caso da manteiga, você só pode comprar 100, 200 ou 300 gramas, dependendo do número de blocos que você colocar no carrinho. O mundo das partículas prevê que a energia e a matéria não estão disponíveis em massa, mas apenas na forma de blocos, ou tijolos, que no entanto são chamados de quanta.

Portanto, no mundo das partículas, a energia e a matéria, além de não poderem ser reduzidas a valores inferiores do “quântico”, estão disponíveis apenas como múltiplos do próprio quantum; qualquer um de seus valores deve corresponder a quantidades inteiras de quanta. Como é facilmente entendido, o quantum tem um valor extremamente baixo.

No universo, tudo é feito de quantos, até mesmo o livro que você está lendo. A razão pela qual você não sente sua "granulação" é que os quanta são tão pequenos que nossos sentidos não podem percebê-los, assim como não percebemos átomos individuais ou mesmo moléculas isoladas de maneira distinta.

Um dos primeiros casos estudados é a quantização de energia: por exemplo, os elétrons de um átomo só podem ter certos valores de energia, então eles podem girar em torno do núcleo apenas em certas órbitas, não em qualquer órbita. Da mesma forma, os fótons são os quanta do campo eletromagnético: são pacotes não divisíveis de luz.

O átomo quantizado

O conceito de "quântico" é muito importante para o funcionamento da matéria no extremamente pequeno, ou seja, nos átomos, mas consequentemente também em todo o universo. Para entender melhor, posso propor uma semelhança com algum dispositivo comumente usado no dia a dia.

Figura 28 - Albert Einstein, provavelmente o físico e matemático mais conhecido de nossos tempos. Ele desafiou as teorias quânticas de Niels Bohr e da Escola de Copenhague ao conceber o experimento EPR para demonstrar suas inconsistências. As evoluções subsequentes da pesquisa levaram à sua confirmação.

Por exemplo, imagine um fogão a gás do tipo tradicional, equipado com placas dispostas em uma superfície e um forno embutido. Os comandos da cozinha estão alinhados em um painel frontal e são compostos por botões dispensadores que permitem o envio do gás para os respectivos queimadores.

A maioria dos botões pode ser girada linearmente da esquerda para a direita, a fim de bloquear o gás quando ele é totalmente girado para a esquerda, ou para enviá-lo ao relativo fogão em quantidades crescentes, à medida que é girado para a direita. o interruptor de limite, ou seja, o máximo permitido. Digamos que o botão permite um aumento linear (ou contínuo) na quantidade de gás.

Um dos botões, no entanto, em particular o do forno, funciona de maneira diferente: não pode girar continuamente, mas apenas em solavancos, permitindo o fluxo de gás em determinadas quantidades, adequadas para obter o calor sinalizado a cada clique com valores expresso em graus centígrados: 120 ° C, 180 ° C, 270 ° C ou valores semelhantes. Neste caso o gás não pode aumentar continuamente, mas de forma "discreta": ou seja, apenas para quantidades fixas e determinadas.

Na verdade, até os botões do fogão funcionam discretamente. O problema é que as variações entre um ponto e outro são tão pequenas que nos dão a impressão de um aumento ou diminuição linear. Simplificando, nossos sentidos não podem captar as fotos de variação, porque elas são muito pequenas.

No nível médio das dimensões da matéria, que é aquele em que vivemos e nossos sentidos operam, tudo nos parece aumentar (ou diminuir) de forma linear. A difusão da luz ao amanhecer ou ao anoitecer, o som de um carro se aproximando ou se afastando, uma mosca zumbindo ao nosso redor. Nessa mosca diríamos tudo, mas certamente não diríamos que ela voa aos solavancos.

Isso mais uma vez nos dá a medida do quanto nossos sentidos são enganosos porque, na realidade, nada se move linearmente, mas tudo o faz de maneira discreta, ou seja, por quantidade de energia, ou "quantas".

A diferença entre nosso nível macroscópico e o nível microscópico de partículas é que avaliamos grosseiramente movimentos e energias como lineares.

Praticamente, de acordo com uma convenção usada na física, um corpo material no nível macroscópico pode ser estudado como um corpo contínuo, pois o número muito alto, a coesão e a interdependência entre as partículas fazem desaparecer qualquer granularidade.

Em vez disso, no infinitamente pequeno não é mais possível ignorar essa característica porque as dimensões dos corpos subatômicos são sensíveis à granulação quântica.

Em conclusão, na mecânica quântica o quantum (do latim quantum que significa quantidade) é uma quantidade discreta e indivisível. Por extensão, o termo às vezes é usado como sinônimo de "partícula".

A mecânica quântica foi iniciada principalmente por Niels Bohr, Louis-Victor de Broglie, Paul Dirac, Albert Einstein, Enrico Fermi, Wolfgang Pauli, Erwin Schrödinger, Richard Feynman e Werner Heisenberg.

A intuição da quantização da matéria nasceu em 1900 a partir do trabalho de Max Planck, que adotou essa convenção para confirmar sua teoria relativa à emissão eletromagnética do corpo negro. Na prática, Planck observou que sua hipótese sobre corpos negros só funcionaria na presença de energia quantizada. No entanto, Planck estava muito relutante em considerar essa possibilidade como real. Embora tenha sido o primeiro a teorizar essa realidade, sempre achou difícil considerá-la válida.

Essa realidade física só foi confirmada mais tarde por outros estudiosos que determinaram o valor do quantum de energia. Esse valor recebeu o nome de constante de Planck, porque eles honestamente queriam reconhecer o trabalho daqueles que o adivinharam e usaram primeiro. A constante de Planck, ou magnitude do "quântico", é denotada pela letra h e é 6,6 × 10−34Js, que é um valor inimaginavelmente pequeno.

A hipótese da estrutura granular da energia mecânica encontrou confirmação plena e definitiva na teoria do calor específico dos sólidos formulada em 1907 por Einstein.

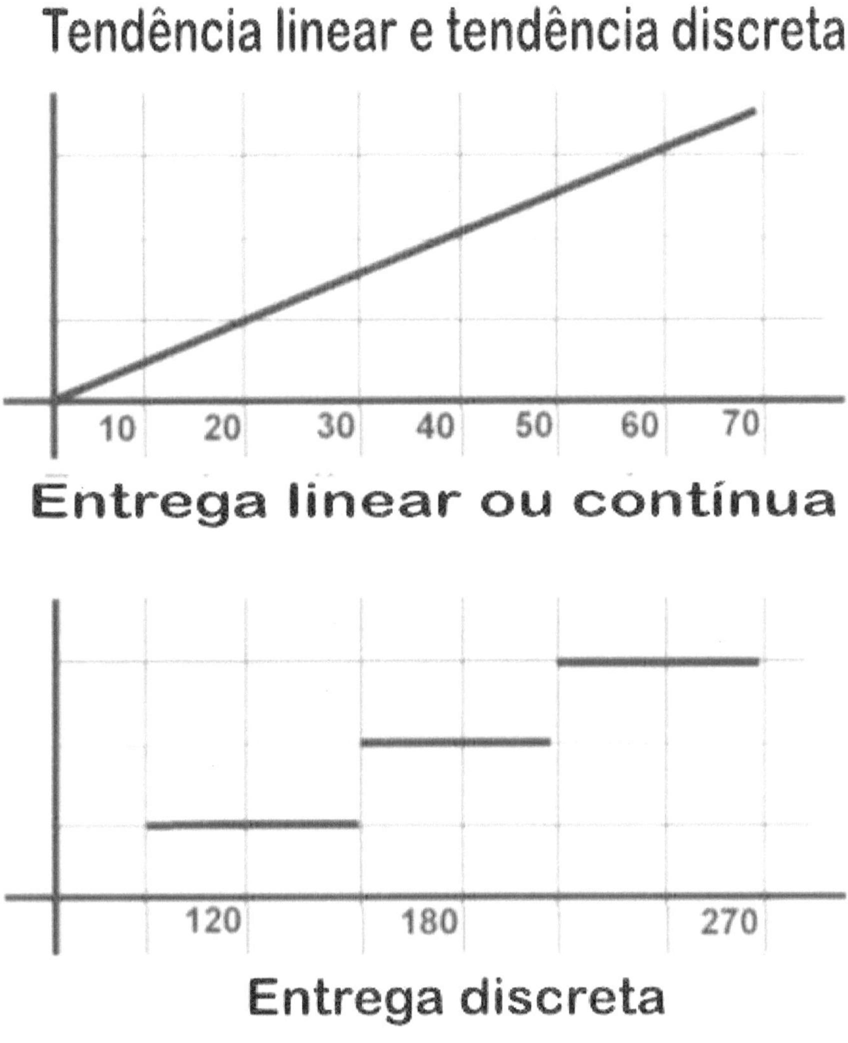

Figura 29. Um curso linear e um curso discreto.
1 Entrega linear ou contínua.
2 Descarga com valores discretos
- A tendência linear assume um número (quase) infinito de níveis intermediários. A tendência discreta, por outro lado, inclui apenas alguns aumentos planejados.

O salto quântico.

Ainda nos referindo à representação tradicional do átomo, ou seja, um núcleo cercado por elétrons que giram em torno dele, podemos dar mais um passo para entender um aspecto relacionado ao seu funcionamento que é chamado de salto quântico.

Em primeiro lugar, deve-se notar que os elétrons não podem girar em regime de anarquia, mas devem respeitar certas regras. O primeiro é o Princípio de Exclusão de Pauli, que se aplica aos "férmions", uma classe de partículas que inclui prótons, nêutrons e elétrons.

Este princípio parte do conceito de que ao redor de um átomo existem apenas algumas "zonas permitidas", e que dois férmions idênticos não podem ocupar simultaneamente a mesma zona (ou estado quântico).

Portanto, uma órbita pode ser ocupada por no máximo dois elétrons, desde que tenham "spin" opostos.

A segunda condição é que cada órbita não pode estar aleatoriamente distante do núcleo.

De acordo com o modelo atômico proposto por Niels Bohr, o elétron gira em torno do núcleo descrevendo uma órbita circular; cada elétron, que tem carga negativa, corresponde a uma órbita muito específica, pois deve se mover a uma velocidade suficiente para neutralizar a força elétrica atrativa que o núcleo carregado positivamente exerce sobre ele. A rotação evita que os elétrons sejam sugados pelo núcleo, mas deve ocorrer com uma energia proporcional à sua distância.

Quanto mais longe um elétron está de seu núcleo, mais energia ele precisa; mas deve ser uma energia bem equilibrada. A quantidade certa de energia deve evitar que o elétron caia no núcleo ou seja levado para fora da área de influência do átomo.

Como sabemos que a energia no nível dos elétrons é medida em quanta, as órbitas podem ser colocadas apenas à distância de um quantum, ou múltiplos de um quantum.

Nenhum elétron jamais irá girar em uma órbita que requer um valor não inteiro de energia medido em quanta.

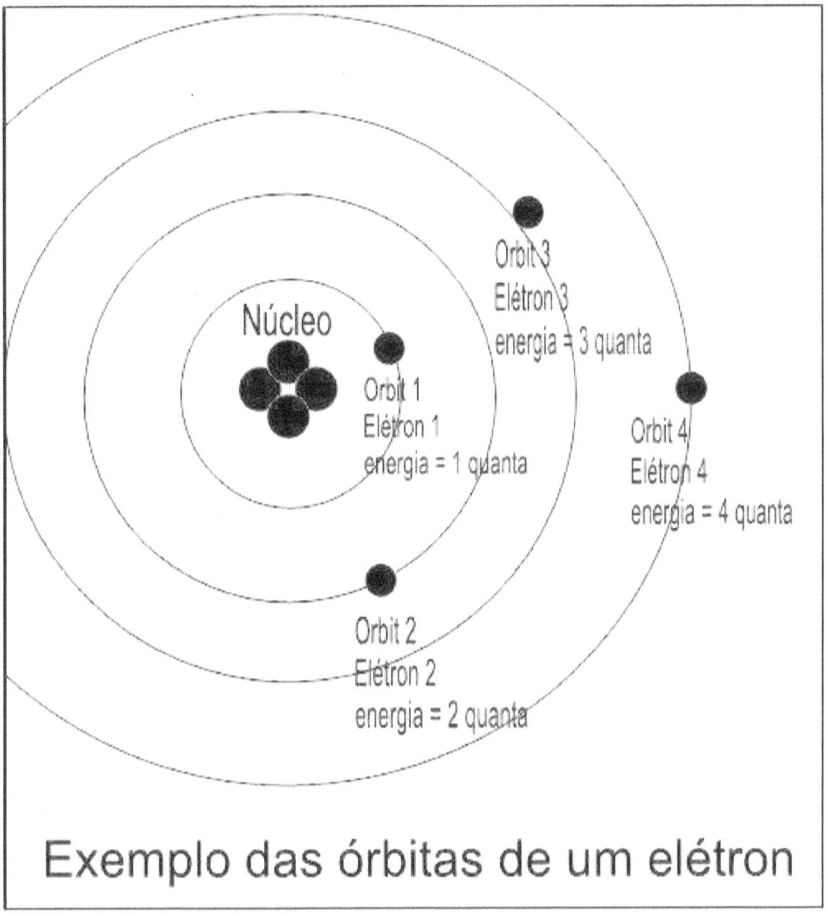

Figura 30 - Exemplo de ilustração de um átomo com quatro elétrons e quatro prótons. Cada elétron gira em uma órbita distinta e tem uma quantidade de energia que pode ser medida em quanta.

1 O elétron na órbita 1 tem 1 quantum de energia.

2 O elétron na órbita 2 tem 2 quantum de energia.

3 O elétron na órbita 3 tem 3 quantum de energia.

4 O elétron na órbita 4 tem 4 quantum de energia.

5 Núcleo do átomo.

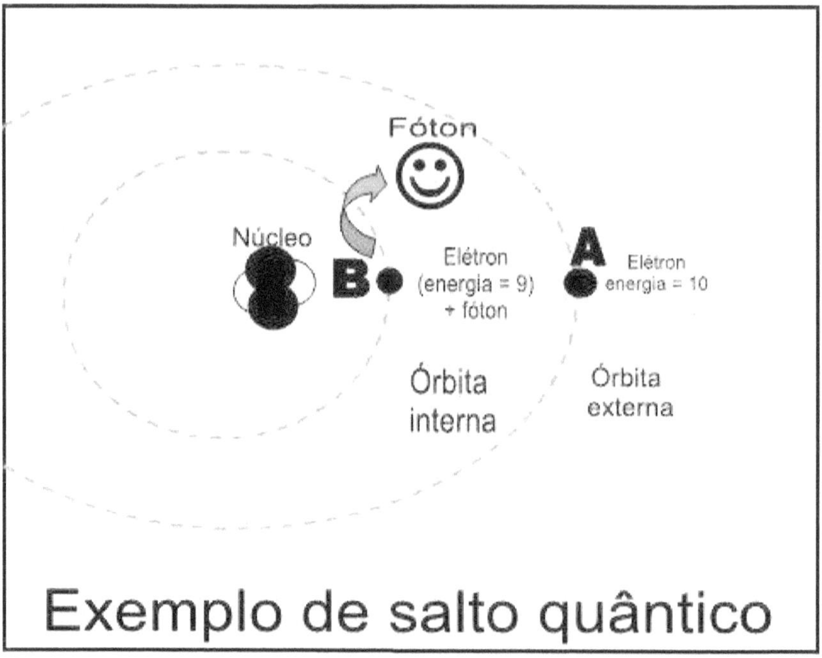

Figura 31 - Exemplo de salto quântico.

A o elétron A colocado em uma órbita externa tem uma energia de 10 quantum.

B O elétron salta para uma órbita interna. Aqui ele precisa de uma energia mais baixa (9 quânticos), então desiste de um quântico.

C O quantum liberado torna-se um fóton.

D Núcleo do átomo.

Portanto, entre um elétron que gira em uma órbita interna (vamos chamá-lo de E-Interno) e outro que gira em uma órbita externa (vamos chamá-lo de E-Externo) há uma diferença de energia: E-Externo precisa de mais energias que E -interno.

Como exemplo, podemos dizer que se o elétron interno precisa de um quantum de energia, o elétron externo precisa de dois para permanecer em sua órbita. Não pode haver órbitas que exijam um quantum e meio, porque o quantum é a menor medida possível.

Em meio a tanta ordem, devemos considerar que os elétrons são bastante indisciplinados e às vezes, por razões que só eles conhecem, gostam de pular de uma órbita mais externa para uma mais interna. Então, se um elétron que tem dois quanta de energia, quisesse pular para uma órbita interna (o que exigiria apenas um quantum de energia), ele teria que desistir de um de seus quanta. O que acontece com essa energia liberada? Ele assume a forma de um fóton quando o elétron faz o que é chamado de "salto quântico".

A Figura 31 representa um salto quântico. No ponto A, o elétron, colocado em qualquer órbita, tem uma energia igual a 10 quanta (um valor de exemplo). No ponto B, o elétron saltou para uma órbita interna. Agora a energia necessária é igual a 9 quanta, e o quantum desnecessário foi transferido na forma de um fóton: tornou-se um quantum de luz.

Como veremos mais adiante, os físicos exploraram essa propriedade estimulando os elétrons a dar um salto quântico duplo para produzir dois fótons gêmeos ou fótons relacionados; estudar seu comportamento levou à descoberta do fenômeno chamado emaranhamento

A dualidade onda-partícula.

A característica fundamental da física quântica é poder atribuir à radiação e à matéria tanto a forma de um fenômeno ondulatório quanto a de uma entidade particulada. Isso contrasta com a física clássica, onde, por exemplo, a luz é descrita exclusivamente como uma onda e o elétron exclusivamente como uma partícula.

Esta propriedade completamente inesperada é chamada dualidade onda-partícula. Não tê-lo considerado constituiu a razão do fracasso de todas as teorias clássicas anteriormente desenvolvidas sobre o funcionamento do átomo. Uma característica definidora da física quântica é o princípio da complementaridade, segundo o qual os dois aspectos, onda e partícula, não podem ser observados simultaneamente durante o mesmo experimento. Este conceito foi formalizado no princípio da incerteza de Heisenberg. Heisenberg afirma que não é possível medir simultaneamente e com extrema precisão as propriedades que definem o estado de uma partícula elementar. Se, por exemplo, pudéssemos determinar sua posição com absoluta precisão, teríamos incerteza máxima sobre sua velocidade.

O advento da física quântica causou perplexidade e perturbação na comunidade científica que viu os fundamentos de sua concepção de mundo questionados e revolucionados.

O próprio Einstein, quando tomou conhecimento da nova realidade da física quântica, chamou-a de "uma ação sinistra à distância".

Conforme relatado no livro "Albert Einstein cientista e filósofo", em seu diário ele escreveu o seguinte:

> "Todas as minhas tentativas de adaptar os fundamentos teóricos da física a essas aquisições falharam. Era como se faltasse a terra sob nossos pés, e não houvesse em nenhum lugar um ponto fixo para construir".

As descobertas da física quântica tornaram necessário revisitar conceitos fundamentais como matéria, tempo, espaço e relações causa-efeito, todos indispensáveis para entender o mundo como o percebemos. Certamente a necessidade de modificá-los produziu profundas crises culturais na comunidade científica. Ainda hoje não é possível definir plenamente qual é a visão exata da realidade física, senão examinando-a separadamente em diferentes níveis: o das dimensões médias, que é o nosso nível sensível, e o das dimensões subatômicas.

O experimento da dupla fenda.

As conquistas da física moderna provocaram
uma mudança significativa em nossa imagem científica
do mundo: eles abalaram a validade absoluta
das leis naturais e a transformaram em uma validade relativa.
As leis naturais são verdades estatísticas, isto é, são, por assim dizer,
inteiramente válido apenas quando se trata
de grandezas macrofísicas. Na esfera de magnitudes mínimas,
em vez disso, prever o que vai acontecer torna-se incerto e impossível,
já que quantidades muito pequenas não se comportam mais
de acordo com as leis naturais conhecidas.
(Carl Gustav Jung)

Um dos experimentos mais conhecidos da física quântica (provavelmente o mais conhecido de todos) nos ajudará a entender melhor a natureza das partículas elementares. O experimento baseia sua importância em sua origem antiga: a primeira versão foi feita há mais de dois séculos, em 1801, por Thomas Young. Posteriormente, o experimento manteve sua dignidade o que o tornou atual em muitas reproposições posteriores, atualizadas à medida que a tecnologia possibilitava versões mais atuais. No momento, representa uma das principais chaves para entender a física quântica e fenômenos relacionados, incluindo o emaranhamento. Tentarei, portanto, ilustrar esta experiência de forma a torná-la facilmente assimilável ao leitor não especialista e evitando fórmulas matemáticas.

O experimento não é conceitualmente complicado e vou propor um exemplo que, acredito, pode ser entendido por qualquer pessoa, quando menino, tenha gostado de atirar pedras em alvos de todos os tipos, ou jogá-las na água para ver a formação de círculos. .

Levante a mão se você nunca jogou uma pedra: e se você o fez, prepare-se para jogar outras, mesmo que sejam maiores de idade.

O jogo consiste em fixar uma barreira robusta à nossa frente, na qual teremos perfurado um buraco ou fenda. A fenda é grande o suficiente para permitir a passagem de uma pedra lançada em sua direção. Logo atrás da barreira colocamos uma folha fina para que, ao ser atingida por uma pedra, a deforme, deixando a marca do impacto.

Nesse ponto o experimento pode ser realizado, como mostra a figura 34. Vamos nos colocar a alguns metros de distância e jogar quantas pedras quisermos, tentando fazer com que elas passem pela fenda. Consideraremos apenas as pedras que passam pela rachadura e atingem a tela do receptor, e ignoramos aquelas que não atingem e são repelidas pela barreira.

Cada pedra que atinge a tela do receptor produz um único amassado (fig. 34-1).

Se abrirmos uma segunda fenda na barreira (fig. 34-2), os lançamentos bem-sucedidos passarão por uma ou outra fenda e produzirão mossas na tela do receptor em correspondência com a fenda cruzada.

Figura 32 Thomas Young (Milverton, 13 de junho de 1773 - Londres, 10 de maio de 1829) foi um cientista britânico, famoso por suas pesquisas sobre a luz e a mecânica dos sólidos, e por suas contribuições à fisiologia e à egiptologia.

Figura 33. Werner Karl Heisenberg (Würzburg, 5 de dezembro de 1901 - Munique, 1 de fevereiro de 1976) foi um físico alemão. Ele foi um dos principais arquitetos da mecânica quântica, conhecido por ter exposto o princípio da incerteza em 1927. Recebeu o Prêmio Nobel de Física em 1932..

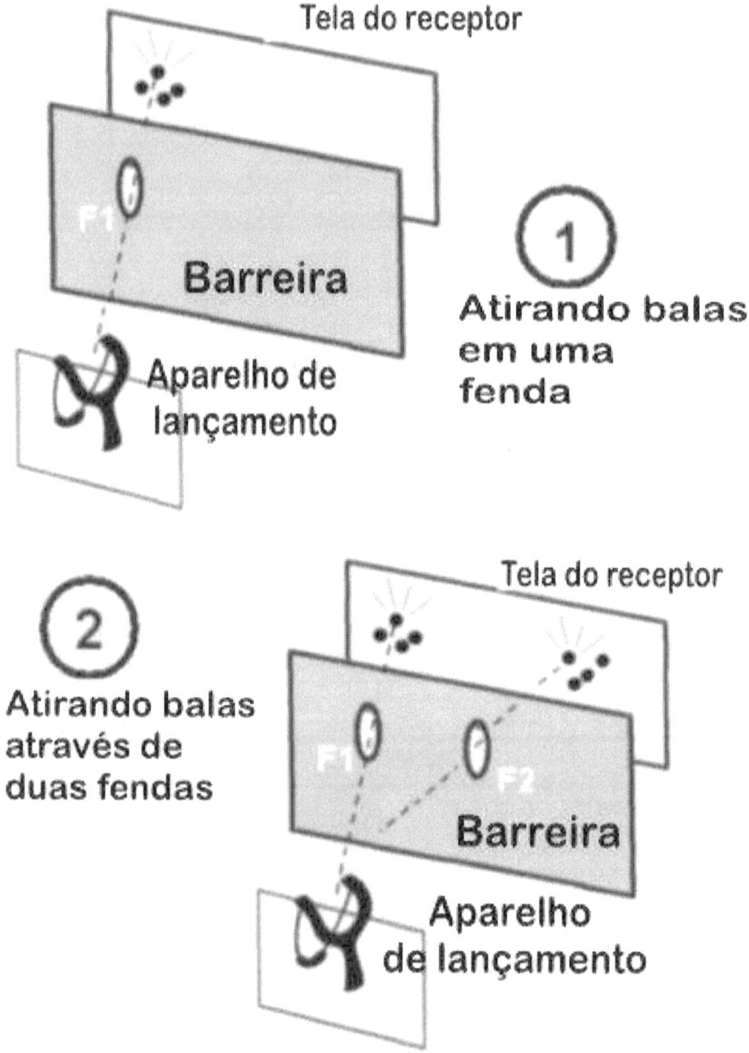
Tela do receptor
F1
Barreira
1
Atirando balas em uma fenda
Aparelho de lançamento
Tela do receptor
2
Atirando balas através de duas fendas
F1
F2
Barreira
Aparelho de lançamento

Figura 34 - Simulação do experimento de dupla fenda. 1) Lançar projéteis através de uma fenda. 2) Lançamento através de duas fendas.

1) O lançamento ocorre através de uma barreira com fenda.

A - Lançar dispositivo

B - barreira

C - Tela do receptor

2) O lançamento ocorre através de uma barreira com duas fendas.

A - Lançar dispositivo

B - Barreira

C - Tela do receptor.

Figura 35 - Passando por duas fendas, a onda produz duas meias ondas que, se cruzando, se somam.

A) Passagem da onda através de uma fenda.

B) Efeito de sobreposição que ocorre quando a onda cruza duas fendas.

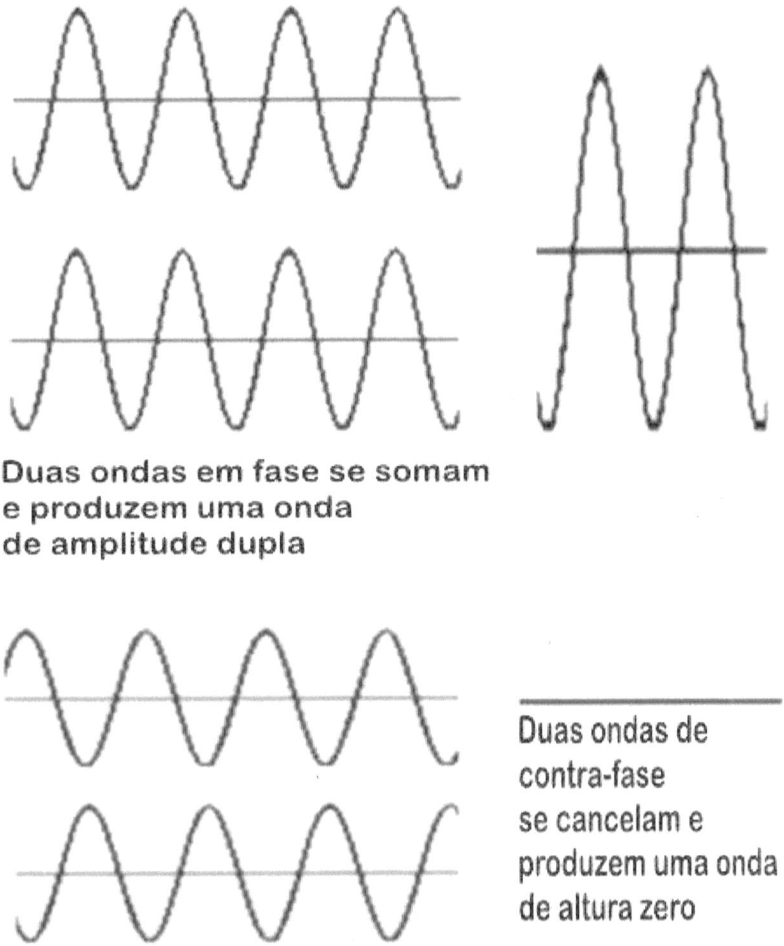

Duas ondas com outras relações de fase e frequência produzem ondas iguais à sua soma algébrica

Figura 36 - Soma de ondas com diferentes amplitudes, frequências e fases

A) As duas ondas a1-a2 estão em fase. Sua amplitude se soma e produz a onda a1 + a2 de dupla amplitude.

B) As duas ondas b1-b2 estão em oposição de fase. Sua amplitude é somada e produz um resultado negativo, a onda b1 + b2 de amplitude zero.

Se duas ondas não estão exatamente em fase ou em oposição de fase, elas produzem uma onda igual à sua soma algébrica.

Em resumo, nesta parte do experimento podemos entender que a barreira foi atravessada por balas sólidas únicas simplesmente observando os amassados produzidos na tela do receptor. Agora podemos passar para a segunda parte do nosso experimento. Iremos imergir o dispositivo, ou seja, a barreira com fenda e a tela do receptor, em um recipiente contendo água, de modo que a fenda fique semi-submersa, como na Figura 35

Desta vez não vamos atirar nossa pedra diretamente na fenda, mas na água, a alguma distância da barreira. A pedra produzirá os típicos círculos de água que todos conhecemos; estas irão se propagar em direção à barreira, cruzar a fenda e ressurgir no lado oposto, formando novas ondas de propagação que serão bloqueadas pela tela do receptor.

Agora imagine abrir uma segunda rachadura e jogar outra pedra, como na figura 35.

Os círculos de água criados pela única pedra, propagando-se em frente à barreira, cruzarão ambas as fendas. Emergindo na parte de trás da barreira de dois buracos, eles produzirão dois novos círculos de água. Esses círculos, se espalhando ainda mais, interferirão uns nos outros ao se somarem.

Do que foi dito até agora podemos tirar algumas conclusões simples:

- Se lançarmos balas contra a barreira de dupla fenda, os projéteis passam por uma ou outra fenda, podemos verificar isso observando os amassados na tela do receptor.

- Se jogarmos uma pedra na água em direção à barreira com duas fendas, produzimos um grupo de círculos de água. Esses círculos passam por ambas as fendas e produzem dois novos conjuntos de círculos de água na parte de trás do recife. Esses dois grupos se unirão e produzirão um padrão de interferência.

Então vimos a diferença entre atirar uma pedra e atirar uma onda: atirar pedras produz amassados, enquanto, em vez disso, atirar ondas de propagação produz figuras de interferência.

Quando o cientista quis entender se a luz é feita de partículas ou ondas, alguém imaginou lançar "flashes de luz" em direção a um aparelho como o que acabamos de descrever. O experimento tendia a verificar quais efeitos seriam produzidos na tela do receptor, "dentes" ou "interferência".

Thomas Young

Thomas Young foi um cientista britânico, conhecido por suas pesquisas sobre a luz e a mecânica dos sólidos, mas também por suas contribuições à egiptologia. Ele nasceu em Milverton em 13 de junho de 1773 e morreu em Londres em 1829.

Ele foi o primeiro de dez irmãos em uma família Quaker. Ele é descrito como uma criança prodígio, e certamente era. Aliás, aos dois anos já sabia ler. Aos seis anos, ele já havia aprendido latim e lido a Bíblia inteira duas vezes. Logo aprendeu outras línguas e aos quatorze anos já conhecia, além do grego, francês, italiano e hebraico, e muitas línguas orientais como caldeu, siríaco, samaritano, árabe, persa e turco.

Young se formou em física em 1796 em Göttingen, e em 1799 começou a trabalhar como médico em um estudo na Welbeck Street, em Londres. Uma placa na porta ainda hoje lembra essa colaboração, enquanto ele publicava seus ensaios anonimamente porque temia repercussões em sua reputação como médico.

Em 1802 Young juntou-se ao Conselho da Royal Society, do qual era membro desde 1794.

Na física Young é conhecido por seu trabalho no campo da óptica, pois foi autor de uma pesquisa sobre o dualismo onda-partícula; a descoberta do fenômeno da interferência na luz também se deve a ele. De fato, em 1801 ele concebeu o experimento da fenda dupla.

A diatribe sobre a natureza da luz começou com Newton considerando-a de natureza corpuscular. Mais tarde, essa hipótese foi contestada, então em 1801 Young projetou e realizou seu famoso experimento. Ele enviou feixes de luz em direção a uma barreira onde dois furos haviam sido perfurados.Na tela do receptor colocada atrás da barreira, ele obteve um padrão de interferência. Assim, Young concluiu que a barreira havia sido atravessada por ondas e não por corpúsculos, e confirmou a natureza ondulatória da luz. Mas a luz é realmente uma onda?

Evolução do experimento de dupla fenda.

No início do século XX, começaram a surgir dúvidas relacionadas aos estudos de Planck sobre corpos negros e sobre alguns aspectos destacados por Einstein quanto ao comportamento do fóton, que muito se assemelhava a uma partícula se fosse estudado no efeito fotoelétrico.

Em 1916, o americano Robert Millikan levantou a hipótese da existência do fóton como partícula, como mais tarde foi confirmado pela descoberta do efeito Compton em 1922. Isso criou um grande problema na física, pois a luz parecia ter um dualismo misterioso que a fazia parecer como uma onda ou como uma partícula em experimentos de diferentes tipos.

Em 1924, o físico e matemático francês Louis de Broglie formulou a hipótese de que não apenas os fótons, mas todos os corpos materiais, e particularmente todas as partículas, também possuíam as propriedades físicas típicas das ondas. Essa hipótese logo encontrou confirmação experimental e deu um impulso fundamental ao desenvolvimento da mecânica quântica. A prova experimental da dualidade onda-partícula foi obtida em 1927 por Clinton Davisson e Lester Germer, nos Laboratórios Bell em Murray Hill, no estado de Nova Jersey dos Estados Unidos da América. Esses cientistas dispararam um feixe de elétrons em um cristal de níquel e observaram padrões de difração. Isso tornou possível usar feixes de partículas para realizar experimentos de interferência com duas fendas, assim como Young havia feito.

Versão moderna do experimento de dupla fenda.

O experimento da dupla fenda foi realizado pela primeira vez na forma moderna usando elétrons em 1961, por Claus Jönsson na

Universidade de Tübingen, em Baden-Württemberg, na Alemanha. Foi então repetido em 1974 no Instituto LAMEL do CNR em Bolonha por Pier Giorgio Merli do LAMEL e por Gian Franco Missiroli e Giulio Pozzi, ambos do Departamento de Física da Universidade de Bolonha.

O Instituto LAMEL dispunha de um microscópio de última geração, um Siemens Eliskop 101, que foi calibrado e adaptado para operar em microscopia eletrônica de interferência.

O microscópio foi usado tanto como interferômetro quanto como fonte de elétrons que passavam um de cada vez através de um duplo prisma eletrônico para serem então enviados para uma chapa fotográfica.

Descrição do experimento com o lançamento de um fóton.

Agora queremos considerar em detalhes o experimento em sua versão clássica moderna, baseada no lançamento de fótons únicos, ou quanta de luz. Então vamos imaginar um dispositivo capaz de lançar um fóton por vez, uma barreira com uma ou duas fendas e uma tela traseira composta por uma sala escura contendo um filme fotográfico que ficará impressionado com os fótons recebidos, pois são fontes de luz .

O dispositivo na configuração de uma única fenda é mostrado na Figura 37. Fótons que são rejeitados pela barreira não são considerados; as que atravessam a fenda marcam um ponto no filme fotográfico, sinal claro de que se comportaram como partículas. Até agora nada de extraordinário; os fótons se comportam como nossas pedras, e o experimento sugere que os fótons são partículas.

A Figura 38 ilustra o lançamento de um único fóton em direção a uma barreira com duas fendas. O ponto de interrogação simboliza a pergunta: qual das duas fendas será atravessada?

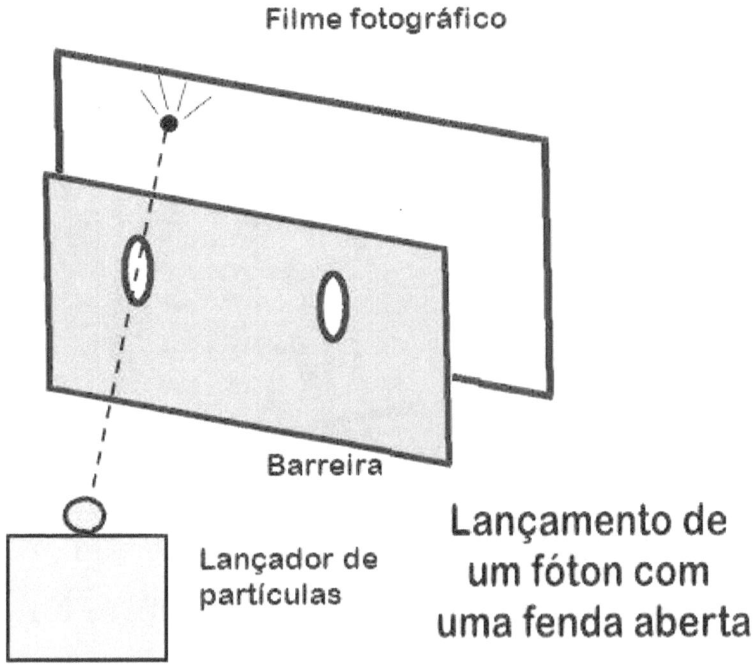

Figura 37 - Lançamento de um único fóton em direção a uma barreira com fenda. O fóton atravessa a fenda e corta um ponto na chapa fotográfica atrás dela. Portanto, ele se comporta como uma partícula.
A) Lançar dispositivo
B) Barreira com fenda
C) Filme fotográfico.

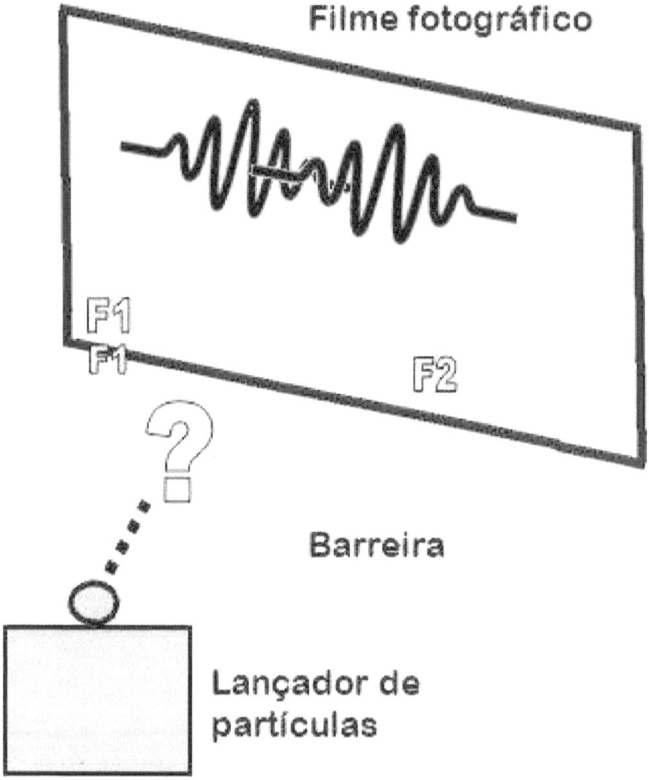

Lançamento de um fóton com DUAS fendas abertas

Figura 38 - Se lançarmos um único fóton em direção a uma barreira com duas fendas, esta, como partícula, passaria por apenas uma enquanto, como onda, atravessaria as duas.
A) Lançar dispositivo
B) Barreira com duas fendas
C) Filme fotográfico.

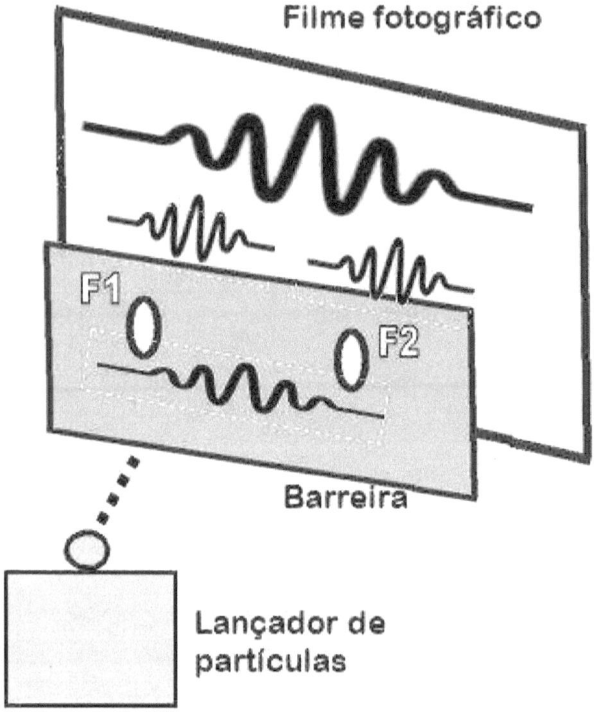

Lançamento de um fóton com duas fendas abertas.
O fóton se comporta como uma onda

Figura 39 - De fato, o único fóton, se tiver apenas uma fenda à sua frente, comporta-se como uma partícula; se ele tem dois na frente dele, ele se comporta como uma onda.
A) Lançar dispositivo
B) Barreira com fenda
C) Filme fotográfico.

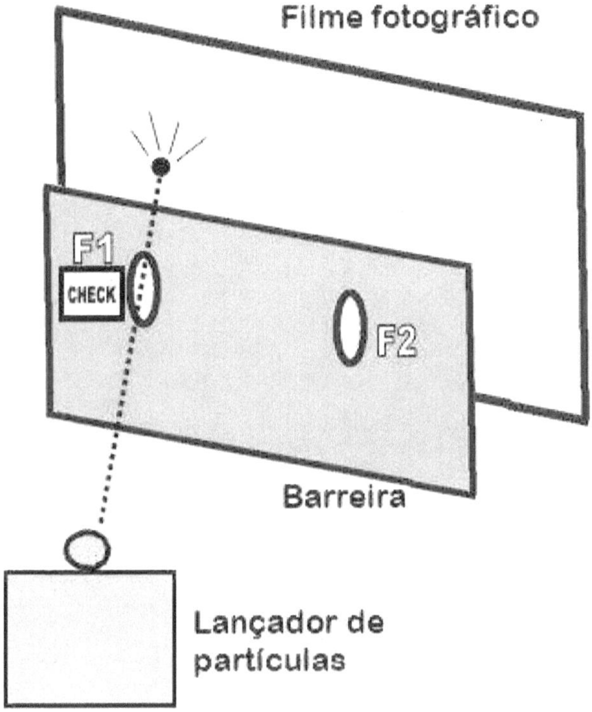

Lançamento de um fóton com um
DISPOSITIVO DE CONTROLE.
O fóton se comporta como uma partícula

Figura 40 - Se lançarmos um fóton contra uma barreira com duas fendas, uma das quais equipada com um dispositivo de controle para verificar a passagem de fótons, nosso fóton escolhe precisamente a fenda controlada e se comporta como uma partícula.

A) Lançar dispositivo

B) Barreira com fenda

C) Filme fotográfico

VERIFICAR) Dispositivo de controle.

A resposta é evidente na Figura 39: o único fóton passou por ambas as fendas.

De fato, na frente de uma única fenda o fóton se comporta como uma partícula, enquanto na frente de duas fendas ele se comporta como uma onda e passa por ambas.

No primeiro caso, a confirmação é dada pelos pontos luminosos únicos que aparecem no filme fotográfico. No segundo caso, aparecem barras escuras e claras sobre isso, ou seja, a figura de interferência dada pela onda que cruzou ambas as fendas, criando duas ondas de saída. Além da barreira, as duas ondas interferem e se somam algebricamente. As barras escuras ou claras representam o resultado (fig. 39).

Uma primeira consideração que pode ser feita é que os fótons (mas não apenas, a propriedade é comum a todas as partículas elementares) se comportam, conforme o caso, como partículas ou como ondas, no sentido de que são partículas e ondas ao mesmo tempo. Tempo.

Isso torna possível que um único fóton passe pelas duas fendas ao mesmo tempo.

Mas as surpresas ainda não acabaram. Vamos imaginar que o experimentador decida verificar a passagem do fóton pela fenda, partindo do princípio de que em qualquer caso o fóton é uma partícula, e deve passar em algum lugar.

Portanto, coloque um instrumento logo além de uma das duas fendas (ou ambas) para verificar qual delas é atravessada pelo fóton (Figura 40).

Bem, neste caso, ou seja, quando a passagem do fóton é controlada por um instrumento, algo incrível acontece, quase como se o fóton se recusasse a cooperar. Embora as fendas abertas sejam duas, o fóton só passa pela que está equipada com o instrumento e vai imprimir um ponto na tela atrás dele. Se ambas as fendas forem monitoradas, ela passa por apenas uma e ainda se comporta como uma partícula. Mas se você tirar as ferramentas, volta a agir como uma onda.

Na prática, o fóton desafia o experimentador mostrando que ele é, para ele, um mistério insolúvel.

Leon Max Lederman Físico americano, escreve em seu livro "Quantum Physics for Poetsi":

> "Parece que um único elétron, como que por mágica, passa pelas duas fendas ao mesmo tempo se ninguém o observar, enquanto escolhe um caminho possível se alguém ou algo olhar para ele! Isso é possível porque os elétrons não são partículas nem ondas: são outra coisa, completamente nova. As partículas são "estados quânticos".

É preciso dizer que a experimentação, inicialmente limitada a partículas elementares, passou a ser realizada também em corpos complexos. Na Universidade de Viena, Anton Zeilinger e seus colegas envolveram "bolas de bucky" no experimento. São moléculas formadas por sessenta ou mais átomos de carbono reunidos para formar uma estrutura que lembra uma cúpula geodésica; este arranjo ficou famoso pelo arquiteto americano Richard Buckminster e levou seu nome. Obviamente, uma molécula com sessenta átomos torna-se uma estrutura gigantesca quando comparada a um único fóton. Apesar disso, no experimento de dupla fenda, usando "bucky balls" em vez de fótons, os mesmos resultados foram obtidos.

Com isso ficou provado que uma molécula de matéria pode produzir fenômenos ondulatórios como uma partícula de energia. Portanto, essas moléculas de matéria também têm o dom da ubiquidade, ou seja, passando por ambas as fendas, têm a capacidade de estar simultaneamente em dois lugares diferentes.

A bilocação se torna plausível?

Será possível no futuro realizar o experimento em corpos mais complexos, compostos por bilhões de moléculas, como poderia ser um corpo humano? Nesse caso, haveria confirmação científica de fenômenos controversos como duplicação, projeção astral, viagem fora do corpo ou bilocação, ou seja, todas as experiências fora do corpo, também conhecidas como OBE e às vezes OOBE (experiência fora do corpo) . São todas experiências, cuja interpretação permanece controversa, nas quais uma pessoa percebe "sair" de seu corpo físico, ou seja, projetar sua consciência para além dos limites corporais; pertencem ao campo das disciplinas parapsicológicas, que não são reconhecidas pelo mundo científico e acadêmico, mas estão presentes em muitas culturas, tanto ocidentais quanto orientais.

O fenômeno da bilocação faz parte da tradição védica e budista há muitos séculos; esta cultura seria capaz de transmitir, a sujeitos com uma inclinação particular, as bases de conhecimento filosófico e espiritual que lhes permitissem, através de uma longa formação, a capacidade de bilocação. O conhecido filósofo indiano Paramahansa Yogananda testemunha em seus livros, com grande riqueza de detalhes, episódios também a seu respeito.

Robert Allan Monroe é um escritor americano, fundador em 1978 do Instituto homônimo "para pesquisa sobre a consciência humana". Em seu livro "Minhas viagens fora do corpo" descreve as disciplinas orientais e recomenda técnicas preparatórias para a iniciação ao fenômeno. bilocação.

No cristianismo existem muitos testemunhos hagiográficos de bilocação, entre outros, Santo Antônio de Pádua, São Francisco de Assis, Santo Afonso Maria de 'Liguori, São José de Copertino, São Francisco de Paula, São João Bosco

As habilidades precognitivas das partículas.

Do experimento da dupla fenda podemos tirar conclusões que deixarão atônitos até os físicos mais experientes, e que provavelmente se relacionam mais com a filosofia da física do que com a própria física.

Imaginemos por um momento que o fóton tem consciência própria e é capaz de "decidir" seu comportamento nas diversas situações em que está envolvido.

Na prática nos perguntamos: quando um fóton é lançado em direção à barreira, como saber se terá uma ou duas fendas abertas?

Por que, de fato, o fóton deve saber quantas fendas existem somente depois de atravessar a barreira. Aparentemente, porém, o fóton sabe primeiro. De fato, o fóton precisa enfrentar a barreira na forma de partícula ou na forma de onda, antes de atravessá-la.

Não somente; o fóton sabe, antes de passar por um orifício, se este é monitorado por um instrumento para verificar sua passagem. O fóton sabe por qual dos dois buracos é monitorado antes de passar. Nos momentos muito breves de sua existência entre o momento em que é lançado e o momento em que encontra a barreira. o fóton adquire conhecimento do que o espera. Egi sabe se encontrará uma ou duas fendas, e se elas são monitoradas ou não.

Como o fóton não tem mente nem consciência, devemos nos perguntar de onde vem sua capacidade de "saber primeiro" o que o espera em seu futuro imediato. O título provocativo deste capítulo, sobre as habilidades precognitivas do fóton, sugeriria que elas realmente existem.

Provavelmente sim. O fóton sabe porque atrai conhecimento, na verdade faz parte de uma sabedoria universal, um conhecimento que conecta todo o cosmos. O fóton sabe porque todo o cosmos sabe, e esse conhecimento não tem limites de tempo, espaço ou tamanho. O fóton não "sabe antes", apenas sabe. Ele não sabe devido ao fato de que a barreira está próxima no espaço, ele saberia mesmo que estivesse nos limites externos do universo. O fóton sabe por que faz parte de uma sabedoria cósmica universal colocada além de todos os limites e além de qualquer restrição determinada pela matéria. Seu conhecimento é informação e inteligência em um nível puramente psíquico ou espiritual. Esse único fóton, e todas as outras partículas no universo, não "prevêem", simplesmente sabem.

Surge então outra pergunta: por que nós, seres humanos, que somos basicamente feitos de partículas, não possuímos o mesmo conhecimento?

É claro que todas as partículas que compõem nosso corpo possuem esse conhecimento, cada uma individualmente; nós, considerados como o agregado de um número infinito de partículas, deveríamos possuir um conhecimento agregado, a soma do conhecimento de todas as nossas partículas.

Há uma grande diferença entre a partícula única e o agregado de partículas que somos. Em primeiro lugar, as partículas são membros do conhecimento universal sem qualquer mediação. As partículas fazem parte diretamente dela. Em vez disso, nosso corpo, como um agregado de partículas, é afetado por poderosos intermediários que, de fato, se tornam separadores.

Esses mediadores negativos coletivamente têm o nome de "eu". Nossa consciência e nossa personalidade exercem a função de separadores do conhecimento cósmico. De fato, enquanto as partículas são membros humildes que aderem docilmente a esse conhecimento, nós nos colocamos no centro do universo: tudo ao nosso redor, o que acontece ao nosso redor, memórias do passado e expectativas do futuro estão absolutamente centrados no nosso cosmos pessoal. .

Isso nos torna muito pouco complacentes e pouco permeáveis em relação a um conhecimento que não está absolutamente centrado em nós mesmos.

Considerações semelhantes a estas evocam instintivamente o terrível grito de Lúcifer expulso da presença de Deus: "Não te servirei!". Talvez os anjos caídos sejam nós mesmos, pois realmente não desejamos servir a nada além do nosso ego e isso nos mergulha em uma solidão existencial feita de egoísmo e autorreferencialidade.

Assim também o mito bíblico de Adão e Eva fala de uma expulsão do Éden devido à desobediência. Deus havia plantado um pomar do qual o casal poderia se beneficiar plenamente, com uma exceção: "De toda árvore do jardim você poderá comer; mas da Árvore do Conhecimento do Bem e do Mal você não comerá; porque no dia em que você comer, você certamente morrerá".

O conhecimento do Bem e do Mal transforma Adão e Eva em sujeitos capazes de julgamento, mas essa capacidade, infelizmente, é viciada pela ambição de querer ser semelhante a Deus.

Apesar disso, são muitos os aspectos que nos mantêm ligados, ainda que vagamente, a um "conhecimento cósmico". Apesar de impedidos, possuímos migalhas de consciência de sua existência. Em primeiro lugar, temos a sensação de uma presença superior a nós mesmos, que percebemos e que às vezes sentimos necessidade, como poderia ser a memória de pais distantes ou ausentes. A sombra de um pai desconhecido a ser abraçado gira misticamente em nossos pensamentos, nos intriga e nos fascina. Esse é o sentimento que muitos chamam de “saudade de Deus”. É uma nostalgia que vem de longe, evocada por acontecimentos que muitas vezes não fazem parte da nossa experiência de vida; é uma nostalgia que se baseia em memórias anteriores à nossa existência física.

Depois, há as percepções extra-sensoriais, ou seja, aqueles clarões de luz que às vezes iluminam e tornam transitável o caminho que nos une ao conhecimento cósmico. Nosso inconsciente é capaz de se conectar com o inconsciente coletivo e, ainda que tortuosamente, lampejos de conhecimento fluem da consciência universal para nossa consciência individual. Quando isso acontece "conhecemos e vemos", por breves instantes, as coisas que, por nossa condição de escravos acorrentados à matéria, normalmente não vemos. .

Mas o elo mais concreto com a sabedoria do cosmos encontrase nas sincronicidades que povoam nossa existência, muitas vezes em nossa indiferença. Embora tenhamos afundado em nosso abismo de anjos caídos, uma mão nos alcança para nos levantar do poço e nos guiar para uma redenção evolutiva espiritual e cultural. As sincronicidades são a prova de que o "Saber" não nos considera amaldiçoados para sempre e vê em nós aquele filho pródigo evangélico que, ao retornar, não é rejeitado pelo pai, mas acolhido com alegria, a ponto de seu pai lhe preparar uma mesa com o bezerro gordo.

O átomo e sua representação mais atual.

Na representação clássica do átomo, um elétron possui uma quantidade de energia bem definida, capaz de mantê-lo em uma determinada órbita que, por isso, é chamada de nível de energia da órbita. Consequentemente, a órbita representa o caminho que o elétron percorre ao redor do núcleo, enquanto o nível de energia representa a quantidade de energia suficiente para mantê-lo nessa órbita.

Como vimos, a mecânica quântica é capaz de descrever o comportamento de partículas muito pequenas, como os elétrons, e também vimos que as regras da física clássica não se aplicam a essas partículas. Na visão quântica foi introduzido um novo modelo atômico mais complexo, no qual não se fala mais de órbita, mas de "orbital".

Órbita e orbital.

A mecânica quântica demonstrou amplamente que não é possível definir a trajetória de um elétron, de modo que o termo "órbita" não é apropriado. É necessário abandonar o conceito de órbita percorrida por um elétron para substituí-lo pelo de "orbital", também definido como "nuvem de probabilidade". Isso acontece porque não podemos estabelecer com certeza qual é a posição do elétron dentro do átomo em um dado instante ou no próximo instante. Através de funções matemáticas complicadas é possível obter informações sobre a posição do elétron, mas apenas em termos de probabilidade de sua presença em um determinado espaço ao redor do núcleo (Fig. 41).

Em outras palavras, enquanto a órbita é uma trajetória definida, o orbital é uma função matemática que permite estabelecer onde é mais provável que o elétron se encontre no espaço ao redor do átomo.

Tudo isso é consequência direta de um princípio fundamental da mecânica quântica descoberto pelo físico alemão Werner Heisenberg, o "Princípio da Incerteza" ou "Princípio de Heisenberg", segundo o qual não é possível conhecer simultaneamente a posição e a velocidade do elétron em sua órbita. Isso confirma a peculiaridade do comportamento das partículas elementares em relação ao dos corpos no nível macroscópico, ou seja, no nível de nossas dimensões e de nossa experiência.

Em nosso nível, de fato, é possível calcular com extrema precisão a trajetória e a velocidade de uma pedra antes mesmo de lançá-la, assim como é possível calcular o caminho dos corpos celestes ou o itinerário de viagem dos satélites espaciais. No nível subatômico, no entanto, essa habilidade se torna impossível. O princípio de Heisenberg mais uma vez estabelece as diversidades ocultas de mistério do comportamento das partículas.

No que diz respeito não apenas ao elétron, mas a qualquer outra partícula elementar, só podemos definir uma certa região do espaço onde a partícula poderia ser encontrada; é essa região do espaço que é chamada de orbital e é determinada pela energia que a partícula possui.

Podemos imaginar o orbital como um compromisso entre a repulsão dos vários elétrons entre eles e a atração exercida pelo núcleo. Portanto, quanto mais prótons e elétrons um átomo possui, mais complicada se torna a situação das relações internas de atração e repulsão; o átomo torna-se um espaço rastejante no qual as vespas se movem a velocidades inimagináveis ao longo de orbitais probabilísticos.

Sob essas condições, a única maneira de saber mais ou menos onde está um elétron e a que velocidade ele se move é tratá-lo como uma onda; o elétron estará em qualquer ponto X da onda que o descreve. Este princípio é definido por uma função matemática, a função de onda, descoberta pelo físico e matemático austríaco Erwin Schrödinger.

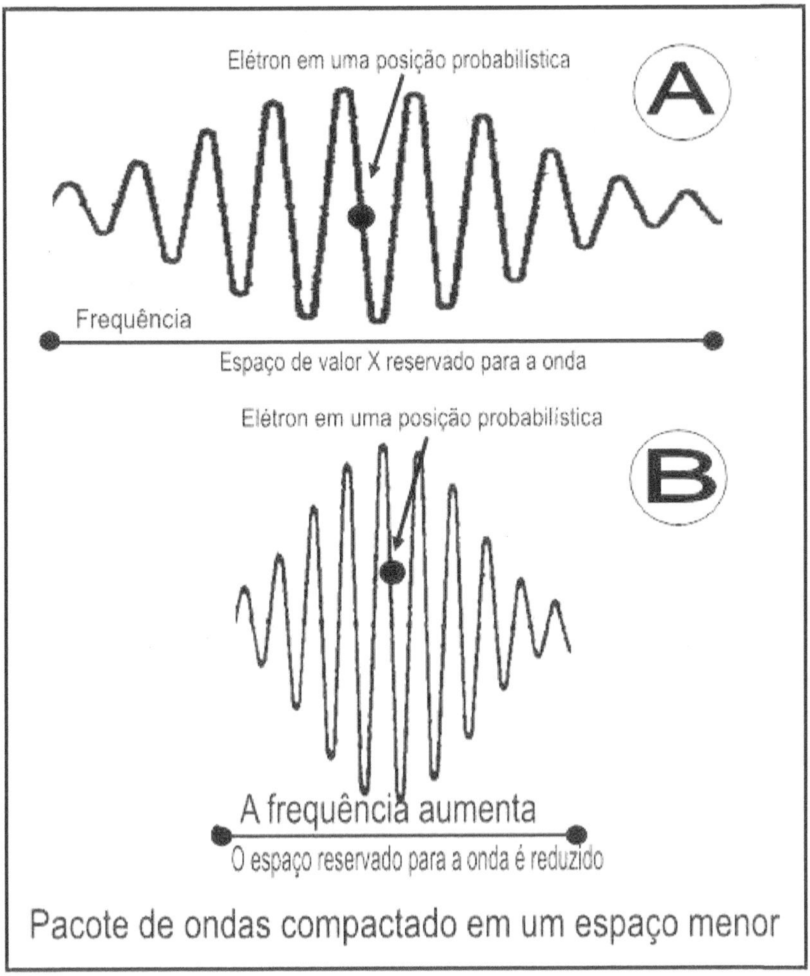

Figura 41 - Comprimir a região espacial da onda aumenta sua frequência e, portanto, a velocidade de rotação da partícula.

A No espaço de valor "X" a frequência da onda tem valor "a".

B Num espaço mais estreito a frequência de onda tem um valor "b", superior a "a".

Essa função, de fato, não define as coordenadas precisas do elétron, mas delimita um volume de espaço dentro do qual ele pode ser encontrado com maior probabilidade.

Hoje sabemos que as leis quânticas podem ser aplicadas não apenas ao elétron, mas também às partículas presentes nos núcleos dos átomos, prótons e nêutrons.

Visão dinâmica do átomo.

O que foi dito até agora fornece uma visão muito mais dinâmica do átomo do que a clássica. De fato, considerando um elétron como uma partícula, não podemos saber exatamente onde ele está, exceto que ele está colocado em qualquer ponto da função de onda que o descreve (fig. 41A).

A física moderna passou a conceber o universo como uma rede inextricável, dentro da qual as relações são absolutamente dinâmicas, não estáticas. Na mecânica quântica esse aspecto dinâmico, se possível, é potencializado e é uma consequência direta da natureza ondulatória das partículas. Consequentemente, as propriedades das partículas subatômicas só podem ser compreendidas no contexto de seu dinamismo.

O fato de as partículas também serem ondas provoca um comportamento aparentemente bizarro que deve ser levado em consideração. Se forçarmos uma partícula em um determinado espaço, ela reage agitando nesse espaço. A agitação é muito mais rápida quanto mais o espaço é restrito.

Essa propriedade se torna compreensível examinando a Figura 41.

Na parte superior está representada a função de onda de um elétron, encerrado em uma região do espaço de valor X com o elétron colocado em uma posição probabilística.

Na parte inferior da Figura 41B, ao restringir o espaço disponível, a onda vibra em uma frequência mais alta e isso causa um aumento na velocidade do elétron. Quanto menor a região de confinamento, mais o movimento do elétron aumentará.

A tendência das partículas de reagir a cada confinamento aumentando a velocidade gera o estado de agitação da matéria, típico do mundo subatômico.

Além disso, mesmo no núcleo não há estática; de fato, se possível, a agitação assume formas paroxísticas. Podemos entender isso se considerarmos que o volume do núcleo é mil bilhões de vezes menor que o volume total do átomo. De fato, como já mencionamos, se o núcleo tivesse 3-4 milímetros de tamanho, o elétron mais externo giraria em um volume esférico com um diâmetro de cerca de 100 metros. No volume do espaço de um núcleo incrivelmente pequeno, duas forças entram em jogo: por um lado, a repulsão entre os prótons, todos com carga elétrica positiva, tende a "explodir" o núcleo no espaço. Por outro lado, porém, entra em jogo a forte interação nuclear que exerce atração entre todas as partículas compostas de quarks. Portanto, o núcleo vibra, num eterno conflito feito de repulsão e atração, com uma velocidade exponencialmente aumentada pelo seu tamanho muito pequeno.

"Coisas" ou eventos?

Como as partículas fazem parte de estruturas maiores, como moléculas e agregados maiores de matéria, elas também tendem a se mover em uma dança perene, ou seja, são naturalmente agitadas. A mecânica quântica demonstra como a matéria nunca é inerte, mas constantemente em movimento. Embora em nível macroscópico os objetos nos pareçam imóveis e sólidos, em sua composição íntima eles fervilham de atividade frenética.

Os objetos de nossa realidade diária são compostos de átomos que se conectam entre si para formar todas as estruturas moleculares que conhecemos. Estes vibram em harmonia com a temperatura ambiente. Os elétrons são ligados aos átomos por forças elétricas de atração e repulsão que os comprimem em direção ao núcleo, causando uma velocidade de rotação muito alta. No mesmo núcleo, prótons e nêutrons são restritos em volumes tão pequenos que os fazem agitar em velocidades inimagináveis.

Quanto mais se aprofunda no estudo do átomo, mais se torna evidente que ele não é o componente último da matéria, sólido e compacto, como sugerido por Newton, mas um conjunto de atividades, ou seja, vibrações devidas a partículas que são simultaneamente ondas , em eterno movimento frenético em um espaço predominantemente vazio.

Karl Raimund Popper, filósofo austríaco e estudioso dos métodos para alcançar o conhecimento certo e científico das coisas, atribui à metafísica, se corretamente compreendida, a função de estimular o progresso. O determinismo físico é duramente contestado por Popper, tanto do ponto de vista científico quanto como pressuposto do totalitarismo. Em seu livro "O ego e seu cérebro" Popper expressa seus pensamentos sobre o universo material nestes termos:

> "A matéria acaba sendo uma energia altamente concentrada, que pode ser transformada em outras formas de energia e, portanto, algo de natureza processual, pois pode ser convertida em outros processos como luz e, obviamente, movimento e calor. Podemos, portanto, dizer que os resultados da física moderna sugerem a necessidade de abandonar a ideia de uma substância ou essência.
>
> Agora (como A. N. Whitehead apontou acima de tudo) o universo aparece não como uma coleção de coisas, mas como um conjunto de eventos e processos interativos.
>
> Portanto, um físico moderno pode muito bem dizer que as coisas físicas - corpos, matéria - têm uma estrutura atômica. Mas, por sua vez, os átomos têm uma estrutura que dificilmente pode ser definida como "material" e certamente não "substancial": ao buscar a intervenção programática para explicar a estrutura da matéria, a física teve que transcender o materialismo. Todo esse desenvolvimento além do materialismo surgiu da

> pesquisa realizada sobre a estrutura da matéria, dentro dos átomos, e foi, portanto, resultado do mesmo programa de pesquisa materialista. Esse desenvolvimento deixou intacta a importância e a realidade da matéria e das coisas materiais: átomos, moléculas e estruturas de moléculas. De fato, pode-se dizer que sua realidade ganhou com isso, pois, como demonstra a história do materialismo e especialmente do atomismo, a realidade da matéria foi considerada duvidosa não apenas por filósofos idealistas como Berkeley e Hume, mas também por físicos como como Mach, precisamente na época em que a teoria quântica estava surgindo.."

Em sua teoria da eletrodinâmica quântica (definida como a joia da física) o físico Richard Feynman sugere que do princípio da incerteza de Heisenberg deriva que o vácuo quântico, também chamado de "campo de ponto zero", é permeado por um mar de flutuações que criam pares de partículas virtuais e antipartículas, que se aniquilam em um tempo inversamente proporcional à sua energia.

A famosa fórmula de Einstein E = mc2 estabelece que matéria e energia são conversíveis entre si. Portanto, a energia pode assumir muitas formas: pode ser classicamente mecânica em dois modos, cinética ou potencial; além disso, pode ser química, eletromagnética, gravitacional, térmica, nuclear. Todas essas expressões de energia são componentes da mesma energia global, que pode mudar de forma, mas não pode burlar a regra de que a quantidade permanece sempre a mesma. Em sua imutabilidade e conversibilidade, a energia desempenha o papel de conectar todos os fenômenos físicos em uma rede de transformações, mas qualquer transformação física deve necessariamente proporcionar que a quantidade de energia, antes e depois, permaneça a mesma. Portanto, a energia não pode ser destruída, mas pode assumir diferentes formas; na verdade, está em constante transformação.

Localidade e não localidade.

A localidade define a área em que ocorrem manifestações de energias e eventos delimitados pelas leis da física clássica; na realidade local há causalidade ou determinismo (cada evento é determinado por um evento anterior), toda realidade está sujeita à flecha do tempo que avança apenas e, em qualquer caso, não é possível ultrapassar a velocidade da luz para não pode haver comunicação instantânea de informações a longas distâncias. Além disso, qualquer energia que transporta qualquer informação sofre uma diminuição de potência que é muito maior, quanto mais se afasta da fonte, como acontece com uma luz ou um som que se torna cada vez mais tênue à medida que a distância aumenta.

No domínio não local, por outro lado, há eventos e manifestações que não sofrem as restrições típicas do domínio local: não são limitados nem pelo tempo nem pela distância. No nível não local não existe ontem e hoje, antes e depois, mas apenas “agora e sempre”. Da mesma forma, não há alto e baixo, perto e longe, mas apenas "aqui e em toda parte".

Emaranhamento quântico.

Entidades envolvidas em um "emaranhamento", partículas ou fótons, estão ligadas entre si porque foram produzidas por um processo que as uniu de uma maneira especial. Por exemplo, dois fótons emitidos pelo mesmo átomo. Esses fótons ou partículas permanecerão "emaranhados", ou seja, acoplados, para sempre. Se de alguma forma alguém age sobre um dos dois, seu "gêmeo", onde quer que esteja no universo, reagirá instantaneamente por sua vez.

(Amir Dan Aczel, matemático e físico israelense)

O comportamento ondulatório da matéria é a base de outro fenômeno quântico surpreendente conhecido como "emaranhamento", termo em inglês que pode ser traduzido como entrelaçamento. O emaranhamento representa um dos fenômenos mais misteriosos e ainda substancialmente inexplicáveis em toda a física moderna. Segundo Erwin Schrödinger, um dos fundadores da mecânica quântica, é sem dúvida a "característica" de toda a teoria.

O emaranhamento tem propriedades tão incríveis que levaram Einstein a duvidar da realidade do fenômeno. Em 1935, juntamente com Boris Podolsky e Nathan Rosen, ele formulou o famoso "paradoxo EPR" (assim chamado pelas iniciais dos sobrenomes dos três cientistas) que, no próprio significado do nome, destacou o fenômeno do emaranhamento como paradoxal.

De fato, o paradoxo EPR, primeiramente considerado como uma refutação válida do emaranhamento, continha um erro fundamental, destacado em 1964 por John Stewart Bell e confirmado em 1982 pelos experimentos de Alain Aspect. Posteriormente, em 1998, Anton Zeilinger e outros melhoraram esses experimentos e confirmaram seus resultados.

Hoje podemos concluir que em inúmeros estudos a física quântica mostrou ser capaz de produzir previsões experimentais corretas com uma precisão sem precedentes, e os fenômenos de correlação entre partículas, típicos do emaranhamento quântico, foram realmente observados. Atualmente essa teoria é a base de tecnologias emergentes como computadores quânticos e criptografia quântica e tem possibilitado a realização de experimentos relacionados ao teletransporte, nos quais se concentram as expectativas do mundo tecnológico.

O princípio da superposição.

No exame do experimento de dupla fenda realizado enviando apenas uma partícula de cada vez, vimos como isso atravessa ambas as fendas e cria um fenômeno de interferência. É evidente que a partícula, sendo a única presente, interfere em si mesma.

Figura 42 - A partícula P que passa por ambas as fendas está em estado de superposição quântica.

F1 A partícula P passa pela fenda F1 e tem o estado Pa

F2 A mesma partícula P também passa pela fenda F2 e tem o estado Pb

A partícula P está em "superposição de estados". Seu estado é P (a + b).

Este é um fenômeno surpreendente, mas real, que leva o nome de "princípio quântico da superposição de estados".

O princípio da superposição afirma que, assim como as ondas da física clássica, dois ou mais estados quânticos podem ser "sobrepostos", ou seja, somados, e o resultado será outro estado quântico válido.

Portanto, o estado de um sistema pode ser composto por dois ou mais estados, de forma a compartilhar algumas das propriedades de cada um dos estados que o compõem.

Se marcarmos com A e B duas propriedades diferentes da mesma partícula, tais como:

estado A: a partícula está localizada no lugar F1

estado B: a partícula está no lugar F2

então a superposição dos estados dessa partícula pode ser escrita como A + B porque ela tem algo em comum com o estado A e o estado B (fig. 42).

A partícula está no estado A quando passa pela fenda F1 e no estado B quando passa pela fenda F2. Como a partícula passa pelas duas fendas simultaneamente, ela está simultaneamente nos dois estados, ou seja, em um estado de superposição, que se escreve A + B e é uma combinação dos dois estados "A partícula está no estado A" e "A partícula está no estado B".

Se observássemos a partícula atravessando a barreira, veríamos que ela passaria apenas por uma das duas fendas e não obteríamos o fenômeno de interferência; se, por outro lado, não o observamos, ele passa por ambas as fendas, gera o estado de superposição e o sinaliza produzindo as figuras de interferência na tela atrás dele.

O princípio da superposição é um dos maiores mistérios da física quântica e é a chave essencial para entender o fenômeno do emaranhamento.

A correlação.

A correlação pode ser considerada o resultado do emaranhamento: duas partículas que foram emaranhadas entre si dizem-se relacionadas. Isso significa que as partículas estão conectadas para formar um sistema entrelaçado e que reagem em uníssono, cada uma aos eventos que afetam a outra. Eles se comportam como gêmeos, por exemplo, aqueles cujas histórias apresentei no início deste livro.

Assim, duas partículas relacionadas podem ser consideradas gêmeas. Assim como gêmeos humanos estão envolvidos no mesmo nascimento, partículas elementares se enredam quando estão envolvidas em um fenômeno que lhes interessa de maneira não trivial.

Os casos dos irmãos McWhirter e das irmãs Furness podem ser considerados extraordinários porque os protagonistas reagiram aos eventos que afetaram seu gêmeo sem nenhuma causa aparente, perturbando assim o princípio da causalidade segundo o qual qualquer evento que ocorre no universo deve ser a causa de outro evento que ocorreu anteriormente. De fato, mesmo as partículas relacionadas reagem cada uma aos eventos que afetam a outra (ou as outras) sem qualquer nexo causal. De fato, a reação de um dos gêmeos ocorre quando este desconhece totalmente o que está acontecendo com o outro.

Mesmo no caso de partículas emaranhadas acontece a mesma coisa: as mudanças de estado não são sucessivas, mas simultâneas; e isso, lembre-se, a qualquer distância que as partículas estejam.

Esta circunstância constitui um verdadeiro enigma para os físicos, pois pode significar apenas duas coisas: ou as partículas se comunicam entre si transmitindo sinais a uma velocidade praticamente infinita, e em qualquer caso superior à da luz, ou há outra forma de comunicação que é independente do espaço e do tempo e, portanto, é puramente psíquico, da mesma forma de pensamento, capaz de vagar instantaneamente em qualquer lugar do universo, do passado ao futuro, sem qualquer limite físico.

No entanto, mesmo este exemplo é imperfeito porque prevê que uma das duas partículas lançaria "um chamado" para a outra, em qualquer caso, ainda que na velocidade do pensamento.

Em vez disso, as duas partículas decidem sua variação ao mesmo tempo; nenhuma das duas partículas decide isso primeiro.

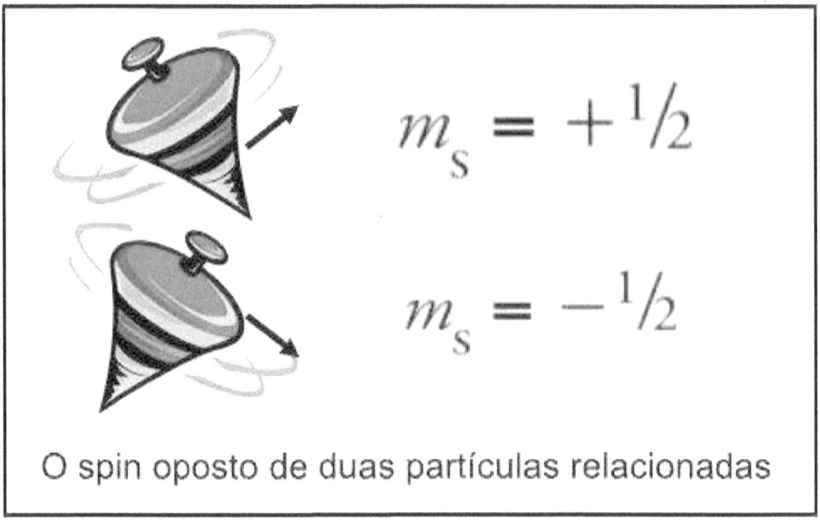

Figura 43 - O spin (rotação) foi introduzido inicialmente para indicar o momento do momento intrínseco do elétron.

Se isso acontecesse, a causalidade entraria em jogo - embora em extrema velocidade. Não é assim: as partículas se comportam como se fossem uma única partícula.

O emaranhamento é um vínculo de coerência. Por exemplo, se dois fótons com spins opostos são correlacionados formando um sistema emaranhado, a variação do spin (fig. 43) de um afeta o spin do outro ao mesmo tempo. Não há como verificar qual variação ocorreu primeiro.

A Figura 31 ilustra um método usado em laboratórios para obter partículas correlacionadas. No ponto A, um elétron, colocado em qualquer órbita, tem uma energia de 10 (um valor de exemplo). No ponto B, o elétron saltou para uma órbita interna; agora a energia necessária é menor, e podemos considerá-la igual a 9. A quantidade desnecessária, (um quantum), serviu para gerar um fóton.

Para obter dois fótons correlacionados, um elétron dará um salto duplo.

Vamos imaginar que obtivemos dois fótons correlacionados dessa maneira e examinar as relações entre eles.

Superposição de duas partículas.

Assumimos que cada uma das duas partículas (P1 e P2) pode estar em dois lugares ao mesmo tempo e, portanto, tem dois estados. A partícula P1 possuirá os estados P1A e P1B, enquanto a partícula P2 possuirá os estados P2Y e P2Z. Lembre-se de que os estados A, B, Y e Z representam diferentes lugares onde as partículas podem estar (Figura 44).

Figura 44 - Emaranhamento quântico de duas partículas correlacionadas. (Primeira etapa)

As duas partículas P1 e P2 possuem dois estados.

A partícula P1 é sobreposta em (P1 (a + b)

A partícula P2 é sobreposta (P2 (a + b).

As duas partículas relacionadas têm a propriedade de possuir dois estados. Agora imagine que a partícula P1 está no estado A e a partícula P2 está no estado Y. O resultado é um sistema de duas partículas com o estado AY, que é chamado de "estado produzido". Se, por outro lado, imaginarmos que a partícula P1 está no estado B e a partícula P2 está no estado Z, o resultado é o estado produto BZ (Figura 45).

Figura 45 - Emaranhamento quântico de duas partículas correlacionadas. (Segunda fase)

"Estado do produto" de partículas relacionadas P1 e P2

As duas partículas P1a e P2y produzem o estado de superposição P1-P2 (a + y)

As duas partículas P1b e P2z produzem o estado de superposição P1-P2 (b + z.

Neste ponto, com mais um passo, podemos aplicar o princípio da superposição ao conjunto de dois sistemas AY + BZ.

Esse estado é chamado de "estado emaranhado" (Figura 46).

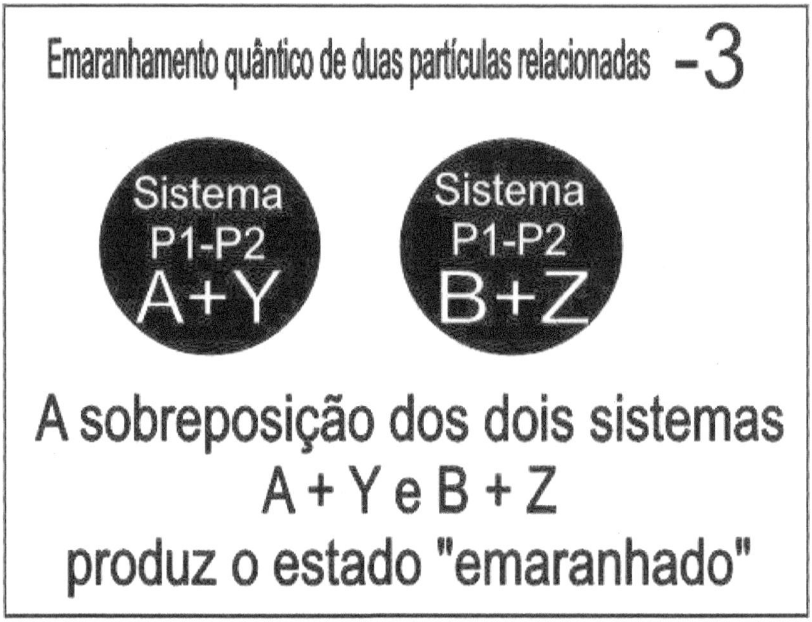

Figura 46 - "Emaranhamento quântico" de duas partículas correlacionadas. (Terceira fase).

A superposição de dois sistemas AY e BZ produz o estado "emaranhado".

A sobreposição dos dois sistemas é chamada de "emaranhamento". O estado do produto AY indica que a partícula P1 está no estado A e a partícula P2 no estado Y.

Da mesma forma, o estado do produto BZ indica que a partícula P1 está no estado B e a partícula P2 no estado Z.

O estado emaranhado AY + BZ, que representa uma superposição de estados, indica que há conclusões obrigatórias em relação às duas partículas.

De fato, se você fizer uma medição que mostre que a partícula P1 está no estado A, então a partícula P2 deve necessariamente estar no estado Y e vice-versa.

Da mesma forma, se, ao realizar a medição, for constatado que a partícula P1 está no estado B, então a partícula P2 deve necessariamente estar no estado Z.

Em outras palavras, quando duas partículas estão no estado emaranhado, não é possível considerar uma separada da outra. Em última análise, o estado emaranhado resulta da superposição de dois estados de produto.

Uma vez que duas partículas são correlacionadas, um estado de emaranhamento é produzido entre elas que não leva em conta o tempo ou o espaço. Cada intervenção em uma das duas partículas produz simultaneamente uma mudança recíproca na outra, onde quer que ela esteja no universo.

O físico dinamarquês Niels Bohr, fundador da muito famosa Escola de Copenhague, fez contribuições fundamentais para a compreensão da estrutura do átomo e da mecânica quântica, e por isso recebeu o Prêmio Nobel de Física em 1922. Sobre a correlação de partículas ele disse :

> "Mesmo que dois fótons relacionados estivessem em duas galáxias diferentes, eles sempre continuariam sendo uma única entidade, e a ação realizada por um deles também afetaria a outra".

Com isso, o emaranhamento proclama solenemente que o universo não está todo sujeito às leis da física clássica, mas, pelo menos no nível subatômico, essas leis não são mais válidas.

O fato de as duas partículas "emaranhadas" continuarem a se comportar em uníssono, qualquer que seja a distância entre elas, representa um problema aparentemente insolúvel.

Como as duas partículas se comunicam? Certamente não com sinais enviados com métodos clássicos; estes, de fato, desapareceriam com o aumento da distância e, em qualquer caso, não poderiam exceder a velocidade da luz. Certamente deve haver uma possibilidade de comunicação não física.

Fenômenos não-localizados e extra-sensoriais.

A característica mais surpreendente e intrigante que emerge do que foi dito até agora é que as partículas subatômicas são capazes de trocar informações instantaneamente, ou seja, estão conectadas de forma não local; Simplificando, a informação não cruza nenhum lugar físico para conectar as duas partículas; o nível não-local é um nível puramente psíquico (para evitar usar o termo espiritual), isto é, composto de pura informação, ou inteligência.

Pode-se argumentar também que as duas partículas estão separadas apenas na aparência, restando, de fato, uma coisa, já que se comportam exatamente assim. Isso não resolve o problema. Se as duas partículas ainda fossem uma, todo o universo deveria ser um, ou seja, não seria feito de objetos separados (se não no nível macrofísico), enquanto no nível subatômico seria uma única realidade, que "Unus Mundus "que surgiu da colaboração de Jung e Pauli ou o universo implicado teorizado por David Bohm. Mesmo neste caso, porém, seria necessária uma única inteligência universal para governar o Cosmos.

Albert Einstein se opôs fortemente ao princípio da não localidade porque violava as leis físicas que ele próprio havia formulado, todas baseadas na localidade. Ele tentou constantemente em sua vida desenvolver uma teoria capaz de unificar os conceitos da física clássica com os da quântica; infelizmente, ele não conseguiu.

Em 1982, seguindo os experimentos conduzidos por Alain Aspect, a teoria do emaranhamento e com isso o conceito de não-localidade foi definitivamente confirmado. Desde então sabemos que o "realismo local" que percebemos em nossa dimensão não é uma lei absoluta da natureza.

Nesse ponto, torna-se possível imaginar que espaço e tempo são inconsistentes e existem apenas em um nível perceptivo. O experimento de Aspect nos mostrou que existe uma conexão entre as partículas que vai além do espaço-tempo. Além disso, como todo o universo é composto de partículas, podemos nos perguntar se o fenômeno da não-localidade deve ser confinado apenas à realidade subatômica ou se também pode ocorrer entre objetos maiores, ou mesmo entre seres vivos.

É possível que organismos biológicos, como humanos, acessem o nível não local? Se a resposta fosse sim, poderíamos imaginar uma troca de informações entre diferentes organismos por meios não convencionais, por meio dessa dimensão misteriosa que é a não-localidade.

Na verdade, esta possibilidade não deve ser excluída, pelo contrário ela existe e é muito difundida e conhecida. Chama-se telepatia.

Uma característica da telepatia é que ela funciona melhor entre pessoas ligadas por laços particulares de afeição ou parentesco, como mães e filhos, ou seja, "emaranhados" emocionalmente.

Nosso cérebro certamente é capaz de elaborar desejos de se conectar com as pessoas mais próximas a nós. Talvez a não-localidade represente o meio até então desconhecido pelo qual tais comunicações podem realmente ocorrer. Mesmo que os seres humanos não saibam usar a telepatia plenamente, eles ainda têm os meios para fazê-lo, ou seja, uma mente capaz de processar pensamentos e desejar sua transmissão. Às vezes isso acontece de forma espontânea, ou seja, acontece mesmo que não saibamos explicar como acontece.

A telepatia provavelmente consiste em um fenômeno de correlação entre mentes. A consciência, no exercício de sua capacidade de desenvolver intenções, pode correlacionar dois cérebros colocando-os em estado de emaranhado.

Outro aspecto que poderia estar ligado à não-localidade é o relativo aos fenômenos de previsão e premonição.

De fato, no nível não-local pode-se reconhecer grandes correspondências com o inconsciente coletivo, o nível cósmico teorizado por Jung contendo toda a história e sabedoria da humanidade em sua evolução. A possibilidade de um "emaranhamento" que se desenvolve em nível não local coincide com a possibilidade de um nível coletivo de consciência e torna plausível que as consciências individuais possam acessar seus conteúdos passados, presentes e futuros.

Nesse sentido, os experimentos de Alain Aspect e seus colaboradores também podem ser considerados experiências da metafísica quântica. Ao demonstrar a não-localidade, eles também demonstraram a existência de um nível que transcende a realidade do espaço-tempo e negaram a hipótese de um universo exclusivamente material.

Brian Josephson é um físico galês, nascido em Cardiff em 1940. Quando tinha apenas 22 anos descobriu o efeito Josephson e, como resultado, recebeu o Prêmio Nobel de Física em 1973.

Josephson é um dos cientistas mais famosos entre aqueles que defendem a possibilidade de que fenômenos parapsicológicos sejam reais. Aventurou-se particularmente no estudo do misticismo oriental e das possíveis implicações que este poderia apresentar em relação à interpretação dos fenômenos científicos em chave mística ou metafísica.

Em particular, Josephson afirma que um de seus métodos de orientação é: "nullius in verba" (não confie nas palavras de ninguém) com referência ao fato de que:

> "... se todos os cientistas rejeitam uma ideia, isso não deve necessariamente ser considerado como prova de que a ideia acima mencionada é absurda; pelo contrário, é necessário examinar cuidadosamente as supostas motivações de tais opiniões e julgar o quão bem elas se sustentam um exame cuidadoso."

Um universo "emaranhado".

Brian Greene é um físico americano, um dos mais importantes estudiosos da teoria das cordas. Em 2014, seu livro "O enredo do cosmos. Espaço, tempo, realidade" foi publicado na versão italiana.

Neste livro, enfocando o enigma do tempo, Greene afirma que nenhuma regra física confirma a ideia de que o tempo flui em uma determinada direção. Além disso, entre os temas deste livro, além de uma exposição básica da teoria das cordas, encontra-se a discussão do emaranhamento quântico. É essencialmente uma análise da natureza da realidade com excursões em temas como espaço-tempo, cosmologia e as origens do universo (a chamada teoria de tudo).

Greene acredita, de fato, que o universo é um todo intrinsecamente emaranhado e consistente consigo mesmo.

Outra confirmação oficial vem do livro "The Non-Local Universe: The New Physics and Matters of the Mind", escrito por dois físicos, Robert Nadeau e Menas Kafatos. Aqui está uma citação frequentemente tirada deste texto:

> "Todas as partículas na história do cosmos interagiram com outras partículas da maneira detectada pelos experimentos de Aspect. Praticamente tudo em nosso ambiente físico imediato é composto de quanta que interagiram dessa maneira com outros quanta desde o big bang até o momento presente. (...) Deve-se considerar também que o emaranhamento quântico cresce exponencialmente com o número de partículas envolvidas no estado quântico original e que não há limite teórico para o número dessas partículas emaranhadas. Se este for o caso, o universo em um nível muito básico poderia ser uma vasta rede de partículas, que permanecem em contato umas com as outras em todas as distâncias

> e em tempo zero e na ausência de energia ou transferência de informação. Isso sugere, por mais estranho ou bizarro que possa parecer, que toda a realidade física é um Sistema Quântico Único que responde coralmente a outras interações".

De fato, se considerarmos a teoria do Big Bang que descrevi acima, sua suposição básica acaba sendo a explosão muito poderosa, que ocorreu cerca de 15 bilhões de anos atrás, de uma singularidade pontual de energia da qual ela teria se originado, graças a uma expansão ainda em curso, todo o universo. Isso significa que todo o universo foi inicialmente comprimido em uma realidade de densidade quase infinita. O fato de todas as partículas estarem tão intimamente conectadas e todas terem nascido do mesmo evento explosivo torna legítimo pensar que todas as partículas do universo, na realidade, estão emaranhadas umas com as outras.

Não só isso, é possível supor que todas as partículas do universo retêm a memória de sua geminação com todas as outras partículas. Isso significa que a separação da realidade em "coisas" é apenas uma ilusão. A separação se deve ao fato de percebermos o nível macroscópico do universo. Na realidade, o universo, embora expandido em bilhões de galáxias distantes umas das outras bilhões de anos, ainda estaria unido em si mesmo com laços não-locais, além de qualquer espaço e qualquer tempo. Se isso pudesse ser demonstrado, também seria demonstrado que todos nós vivemos em uma imensa realidade holística onde cada parte vale o todo porque inclui o todo.

Certamente, ainda há muitas coisas que não sabemos e que podem até ultrapassar nossa imaginação.

As confirmações do emaranhamento quântico.

Einstein estava errado quando disse: "Deus não joga dados". De fato, a consideração dos buracos negros sugere não apenas que Deus joga dados, mas que às vezes nos confunde jogando-os onde não podem ser vistos.
(Stephen Hawking)

Alguém provavelmente vai se lembrar de "Noein". É uma série animada de ficção científica de 2005 produzida pelo estúdio Satelight, composta por 24 episódios, concebida e dirigida por Kazuki Akane.

Noein, o personagem que dá nome à série, é uma figura evanescente, caracterizada por uma máscara dourada com um olho. Ele é aquele que puxa as cordas dos eventos desde o início. Está profundamente imbuído de teorias da mecânica quântica.

Noein trata o conceito de tempo como uma dimensão que ressoa com outras linhas do tempo. Em particular, ele vê o universo se ramificando em um número infinito de probabilidades, favorecendo a interpretação de Hugh Everett dos muitos mundos. No entanto, também incorpora muitos aspectos da interpretação de Bohr e da Escola de Copenhague de que a presença de um observador é essencial para determinar o colapso da onda de probabilidade em uma situação mensurável.

Haruka, uma personagem feminina, tem o poder de um observador dentro do multiverso, um poder que lhe permite determinar o resultado de uma ação simplesmente "observando".

No episódio "Overlaps", Uchida explica o paradoxo do gato de Schrödinger para seu guarda-costas Koriyama. Esta é uma situação ideal onde apenas um observador é capaz de determinar a morte do gato no momento em que ele abre a caixa. No mesmo episódio, também é feita referência à frase "Deus não joga dados", uma famosa citação de Albert Einstein.

> "Deus não joga dados, você sabia disso? Digamos que você jogue um dado e desse lançamento venha o número seis."
>
> "Eu prefiro o número um, porque é o primeiro."
>
> "Ok, um ou seis é o mesmo. Então, digamos que o número um está fora. O número cinco também pode sair, ou o número quatro pode sair. Eles têm as mesmas chances, não é?
>
> "De fato sim."

> "Você pode imaginar um mundo onde o número cinco saiu e outro mundo onde o número quatro saiu? É possível que existam incontáveis mundos nos quais incontáveis cópias de si mesmo joguem um número infinito de dados?"

"Deus não joga dados"

Esta citação é uma das máximas mais famosas de Einstein, que a repetiu várias vezes em várias ocasiões. O cientista o usou em oposição às implicações não determinísticas da mecânica quântica, defendidas por Niels Bohr e sua Escola de Copenhague.

O fato de que a posição e a velocidade de um elétron não pudessem ser estabelecidas com certeza, e que esses dados só pudessem ser expressos em termos de probabilidade, perturbou muito o senso rigorosamente científico de Einstein, firmemente baseado nas certezas da localidade e do determinismo.

De acordo com a teoria de Bohr, lançar um elétron várias vezes, sob as mesmas condições experimentais, não poderia dar sempre o mesmo resultado, porque sua trajetória estaria sempre sujeita à instável nuvem de probabilidade. Um pouco como se, jogando um dado com o mesmo mecanismo, sempre se esperasse o mesmo número; mas sabemos que isso não acontece, devido às inúmeras variações que afetam o lançamento, algumas muito instáveis como a temperatura e umidade do ambiente. Com seu aforismo, Einstein quis dizer que a mecânica quântica não pode ser considerada semelhante ao lançamento de dados, mas deve necessariamente fornecer resultados confiáveis em seus cálculos.

Há muitas citações nas quais Einstein expressa fortemente suas dúvidas. Em 4 de dezembro de 1926 ele escreveu estas palavras em seu diário:

> "A mecânica quântica é digna de todo respeito, mas uma voz interior me diz que ainda não é a solução certa.

> É uma teoria que nos diz muitas coisas, mas não nos permite aprofundar o segredo do Grande Velho Em todo caso, estou convencido de que o Grande Ancião não joga dados com o mundo."

Em 1942, escrevendo para Cornelius Lanczos, um matemático e físico húngaro e seu grande amigo, Einstein disse:

> "Como é difícil ter um vislumbre das cartas de Deus. Mas não acredito por um único momento que Ele jogue dados ou use métodos" telepáticos "como a teoria quântica atual gostaria."

Em particular, são conhecidas as inúmeras trocas de pontos de vista entre Einstein e Niels Bohr, defensor da tese oposta. Muitas testemunhas e o próprio Bohr recordam o confronto verbal ocorrido no Congresso da Solvay em 1927. Bohr escreve:

> "De sua parte, Einstein nos perguntou, em tom de brincadeira, se podíamos realmente acreditar que a Divina Providência havia" jogado dados ". Respondi que os pensadores antigos nos alertaram para sermos muito cautelosos ao definir os atributos da Providência em linguagem comum."

Werner Heisenberg também esteve presente na ocasião e lembra a piada de Einsteinm à qual Bohr respondeu: "Mas não cabe a nós dizer a Deus como ele deve fazer o mundo andar!".

Em 1944, em 7 de setembro, Einstein escreveu a Bohr da seguinte forma:

> "Nossas perspectivas científicas são agora o oposto polar. Você acredita que Deus joga dados com o mundo; em vez disso, acredito que tudo obedece a uma lei. Acredito em um mundo de realidades objetivas e tento compreendê-las de uma maneira furiosamente especulativa. espero que alguém descubra um caminho mais realista do que o meu. Mesmo o grande sucesso inicial da teoria quântica não me convence de que a aleatoriedade está na raiz de tudo. No entanto, estou bem ciente de que colegas mais jovens consideram essa atitude um efeito da esclerose. Um dia saberemos qual dessas duas atitudes instintivas foi a correta."

A tese de Einstein foi baseada no conceito de variáveis ocultas. Segundo ele, se a versão de mecânica quântica da Escola de Copenhague havia produzido resultados não determinísticos, certamente dependia do fato de que algum parâmetro importante havia sido negligenciado.

O paradoxo EPR.

O emaranhamento quântico, derivado da interpretação de Copenhague, foi considerado paradoxal por ser considerado incompatível com a relatividade especial que considera a velocidade da luz como o máximo em que qualquer tipo de informação pode viajar. Além disso, o emaranhamento quântico era incompatível com o princípio da localidade. Disso surgiu a crença de Einstein de que a teoria quântica era incompleta. Segundo ele, a teoria incluía variáveis ocultas, ou seja, parâmetros que não foram levados em conta nos cálculos.

Em 1935, junto com Boris Podolsky e Nathan Rosen, Einstein propôs um experimento mental no ensaio "Pode a descrição da mecânica quântica da realidade física ser considerada completa?" (A descrição quântica da realidade física pode ser considerada completa?). O ensaio foi publicado na "Physical Review" XLVII, 1935, pp. 777-780).

Neste trabalho, conhecido como "Paradox EPR" das iniciais de seus nomes, os três criadores pretendiam demonstrar que a mecânica quântica levava a resultados válidos, mas produzia consequências paradoxais. Consequentemente, segundo eles, esta não era uma teoria física completa.

Cinco meses depois, Niels Bohr respondeu publicando na mesma revista um artigo com o mesmo título (Physical Review XLVIII, 1935, p. 700).

Na realidade, na época o embate entre os dois cientistas não teve vencedores, até porque as ferramentas da época não permitiam uma verificação experimental real dos argumentos sustentados. Como ainda é usado hoje, os "experimentos" propostos foram chamados de "experimentos mentais" ou "Gedankenexperiment", segundo o termo alemão cunhado pelo físico dinamarquês Hans Christian Ørsted. Portanto, um experimento mental ainda visa, ainda hoje, testar, corroborar ou refutar uma hipótese ou teoria, mas tem um caráter imaginário e não empírico porque as limitações práticas o impossibilitam.

Deve-se também dizer que o experimento EPR tinha um grau de complexidade que tornava duvidosas as conclusões que dele pudessem ser tiradas.

Apesar disso, Einstein não foi o único a ter dúvidas, mas outros cientistas em seu trabalho também destacaram os lados paradoxais da interpretação de Copenhague da mecânica quântica.

Paradoxo do gato de Schrödinger.

Em 1935 Erwin Schrödinger, físico austríaco que havia recebido o Prêmio Nobel em 1933, publicou o artigo em que descrevia o famoso "paradoxo do gato", tentando mostrar o quão bizarra era a teoria da superposição. De fato, Schrödinger, ao propor esse paradoxo, pretendia, como Einstein, demonstrar os limites da física

Figura 47 - Acima, Erwin Schrödinger em uma foto vintage e um selo comemorativo austríaco. Abaixo, um post jocoso sobre o famoso paradoxo do gato, do blog "Cenacolo Jung-Pauli"

quântica, embora ele próprio tenha sido um dos fundadores dessa ciência. Como já foi dito, de acordo com a física quântica, o comportamento de uma partícula elementar não pode ser previsto exatamente, mas apenas de forma probabilística.

Este não é o caso de sistemas macroscópicos, ou seja, compostos por milhões de átomos agregados: uma vez que certos dados são conhecidos, é possível calcular exatamente o que acontecerá neles e quando acontecerá.

O experimento (mental) de Schrödinger envolve um gato sendo fechado em uma caixa contendo uma substância radioativa. Sabemos com certeza que um único átomo de tal substância emitirá radiação, mas não podemos dizer com certeza quando isso acontecerá.

Na caixa, junto com o gato, há um dispositivo pelo qual, quando a substância radioativa emite uma radiação, esta provoca a ruptura de um frasco de cianeto que matará o gato.

Certamente os tempos mudaram e um cientista que propusesse tal experimento hoje encontraria imediatamente o laboratório cercado por ativistas dos direitos dos animais. No entanto, sabemos que Schrödinger nunca colocou nenhum gato em nenhuma caixa, pelo contrário, provavelmente possuía um gato de quem gostava muito.

Voltando ao experimento, sabemos que a morte do animal ocorrerá apenas se a substância radioativa emitir uma radiação, mas não sabemos se isso acontecerá ou quando, eventualmente, acontecerá.

A caixa será mantida fechada por uma hora. Sabendo que há 50% de chance de o átomo decair durante essa hora, podemos estabelecer que temos a mesma chance de encontrar o gato vivo ou morto quando abrimos a caixa.

De acordo com a mecânica quântica na interpretação de Copenhague, se o comportamento do átomo não é observado explicitamente, este está em uma superposição de estados, ou seja, decaiu mas, ao mesmo tempo, não decaiu; o átomo permanece nessa superposição até que alguém abra a caixa causando o "colapso da função de onda".

Aplicando o paradoxo de Schrödinger à mecânica quântica, enquanto a caixa permanecer fechada, teremos um átomo decaído e não decaído, um frasco de cianeto inteiro e quebrado e um gato vivo e morto.

Por outro lado, quando a caixa é aberta, o sistema entra em colapso em um estado definido. Isso é semelhante ao que foi dito no caso do experimento da dupla fenda: quando um fóton é lançado, ele se comporta como uma onda, passa por ambas as fendas e provoca um fenômeno de interferência. Se, por outro lado, aplicarmos um instrumento em uma das duas fendas para observar sua passagem, a função de onda colapsa e o fóton se comporta como uma partícula, passando por uma única fenda.

Portanto, somente quando a caixa é aberta o sistema composto de átomo radioativo, frasco de cianeto e gato assume um estado não sobreposto, único e coerente.

Em tom de brincadeira podemos dizer que desta situação surgiria a consciência de que, ao abrir a caixa, seria provável determinar a morte do gato. Em vez disso, o gato continuaria vivo (ou pelo menos morto e vivo) enquanto a caixa estivesse fechada.

Obviamente, o paradoxo do gato de Schrödinger descreve uma situação absolutamente distante da realidade, de modo que, em defesa da física quântica, podemos dizer que em certo sentido Schrödinger trapaceou ao juntar duas realidades, a quântica e a macroscópica. É claro que ainda não alcançamos a unificação das diferentes leis físicas dos dois níveis.

Desigualdade de John Stewart Bell.

Erwin Schrödinger não foi o único a apoiar as dúvidas de Einstein. Muitos outros cientistas foram conceitualmente críticos da tese da Escola de Copenhague. No entanto, grande parte da comunidade científica gradualmente se convenceu de que a posição de Einstein estava errada. Mas o argumento foi arquivado e, embora sem provas, a maioria dos cientistas reconheceu a validade da teoria "não-local" de Bohr.

Um renascimento do debate ocorreu graças a John Stewart Bell, (fig. 48) um jovem ruivo, sardento e quieto nascido em Belfast, Irlanda do Norte, em 1928.

Figura 48 - John Stewart Bell propôs um experimento, realizado em 1982 por Alain Aspect, que demonstrou a imprecisão da teoria expressa por Einstein em conjunto com Podolski e Rosen (paradoxo EPR), confirmando o fenômeno do emaranhamento..

Bell havia se formado em física experimental pela Queen's University em Belfast em 1948. Depois de vários anos, passados em vários institutos, ele começou a trabalhar no CERN, (European Organization for Nuclear Research), o maior laboratório do mundo para física de partículas, localizado na na fronteira entre a Suíça e a França, na periferia oeste da cidade de Genebra, no município de Meyrin.

Ao longo dos anos que passou no CERN, Bell desenvolveu sua pesquisa em física teórica e trabalhou na área de aceleradores de partículas. Atualmente o complexo do CERN inclui 7 aceleradores principais, construídos em vários períodos desde a fundação do instituto.

Um acelerador de partículas é uma máquina capaz de produzir feixes de íons ou partículas subatômicas, incluindo elétrons, pósitrons, prótons e antiprótons, com alta energia cinética. Essas máquinas são usadas para fins industriais, médicos e para o estudo da estrutura dos materiais. Ao nível da experimentação teórica, em física de partículas a sua utilização permite obter feixes de partículas de alta energia utilizados para sondar objectos muito pequenos. Em particular, o "Large Hadron Collider" (LHC) em Genebra, que entrou em operação em 10 de setembro de 2008, se estende por uma circunferência de 27 quilômetros e foi projetado para acelerar prótons para permitir seu estudo em condições semelhantes às do primeiro momentos da vida do Universo, imediatamente após o Big Bang.

Embora absorto nesses compromissos, Bell também encontrou tempo para se dedicar às questões básicas da teoria quântica que haviam sido esquecidas. Em 1964, cerca de trinta anos após o ensaio sobre o paradoxo EPR, Bell reabriu o debate sobre esta questão que parecia agora estar de lado e escreveu um artigo para a revista "Física" intitulado "Sobre o paradoxo Einstein-Podolsky-Rosen" (Sobre o paradoxo de Einstein -Podolsky-Rosen) em que enfrentou o problema das variáveis ocultas.

A questão de Bell era se a teoria quântica precisava de variáveis ocultas, como argumentado por Einstein, para ser tranqüilizadoramente colocada na categoria de fenômenos determinísticos. Ele acreditava que isso era essencial para tirar a física quântica do impasse da não-localidade, ou seja, da possibilidade de que duas partículas pudessem se comunicar de forma não-local, influenciando-se mutuamente sem limites de espaço e tempo.

Como já vimos, Einstein, apesar de ser um dos fundadores da teoria quântica, duvidava de sua completude. Do seu ponto de vista, uma teoria mais completa teria que prever a existência de elementos da realidade, ou variáveis ocultas, para preservar o conceito de localidade. Além disso, a não-localidade estaria em contraste com sua teoria da relatividade, de fato, a teoria da relatividade exclui que os efeitos de uma ação física possam ser observados instantaneamente à distância. Isso teria levado à transmissão de informações mais rápido que a velocidade da luz. Em vez disso, a teoria da relatividade einsteiniana tem entre seus fundamentos uma velocidade da luz muito precisa, igual a 299.792,458 quilômetros por segundo. É um parâmetro que, se não levado em consideração, faria com que toda a teoria entrasse em colapso.

Infelizmente, no momento em que Einstein manifestou suas objeções, o único campo teórico ainda estava sendo trabalhado, dada a impossibilidade de realizar verificações devido à inadequação do hardware experimental. Consequentemente, o "realismo local" de Einstein, válido no nível teórico, mas contrastado com hipóteses igualmente válidas teoricamente, permaneceu confinado ao nível de um tópico de debate filosófico.

O desbloqueio desse impasse veio quando, em 1964, John Bell colocou a questão de volta na mesa, colocando o problema em termos que podem ser verificados por experimentos. Estes tinham que prever a medição de propriedades físicas de partículas distantes umas das outras, mas ligadas umas às outras (correlacionadas) por efeitos quânticos.

Bell formulou a famosa "desigualdade de Bell" com base no mérito. Nessa teoria ele demonstrou que nenhuma adição de variáveis ocultas, como apresentada no paradoxo EPR, seria capaz de reproduzir todas as propriedades preditas pela mecânica quântica, em particular aquelas relativas ao emaranhamento.

A desigualdade de Bell destacou uma alternativa: ou uma teoria quântica que caiu sob o guarda-chuva da localidade einsteiniana estava correta graças à contribuição de variáveis ocultas, ou a mecânica quântica de Bohr e da Escola de Copenhague estava correta, com suas implicações de não-localidade. Excluiu, é claro, que ambas as teorias pudessem estar corretas.

De fato, Bell desenvolveu sua teoria na suposição de que havia de fato a possibilidade de imaginar a integração da teoria quântica com variáveis ocultas, como Einstein havia sugerido.

Isso estava de acordo com outros estudos conduzidos por David Bohm, que discutiremos em breve, segundo os quais as variáveis ocultas eram vetores de informação. Ou seja, sugeria que as partículas já estavam equipadas com um conjunto de instruções que lhes diziam antecipadamente qual deveria ser seu comportamento em todas as circunstâncias.

A desigualdade de Bell tinha a vantagem de permitir uma verificação experimental medindo a polarização dos fótons. Os experimentos realizados posteriormente foram a "arma fumegante" contra o realismo local e mostraram que as "ações horríveis à distância", previstas pelo paradoxo EPR, fazem parte da realidade.

Acima de tudo, esses experimentos sem dúvida mostram que, mesmo na hipótese da existência de variáveis ocultas, ainda seria impossível negar o princípio da não-localidade.

Em seu livro "Informação. A nova linguagem da ciência", Hans Christian von Baeyer, um acadêmico americano, escreve: "Ao contrário da intuição de Einstein, Deus não apenas joga dados, mas ele parece ser o único em quem podemos confiar para ter um jogo honesto."

Os experimentos que confirmam a não localidade.

Em 1969, Bell recebeu uma carta do jovem físico de Berkeley, John Clauser, dizendo-lhe que havia planejado um experimento para testar sua teoria da desigualdade. Ele não estava sozinho na realização desse tipo de experimento. A verificação dos resultados experimentais tendia a determinar a natureza local ou não local do mundo físico real. O avanço da tecnologia ao longo dos anos levou a melhorias significativas na eficiência, mas, em qualquer caso, todos os experimentos confirmaram a teoria quântica da não-localidade e forneceram resultados que não podiam ser explicados nem pela adição de variáveis ocultas.

Em 1972, John Clauser, em colaboração com Stuart Freedman, usou átomos de cálcio para obter, com o salto quântico duplo de um elétron, um par de fótons correlacionados. Ao realizar uma série de medições por cerca de 200 horas, Clauser e Fredman obtiveram a confirmação do fenômeno de emaranhamento e não-localidade. Esse resultado intrigou o próprio Clauser, que tendia a demonstrar a inconsistência da teoria quântica. Talvez seja por isso que o experimento não recebeu a atenção que merecia.

Diferente foi o caso das experiências realizadas por Alain Aspect, (fig. 49) nascido em 1947 em Agen, uma pequena aldeia francesa não muito distante de Bordeaux.

Ao contrário de Clauser, Aspect entendia que a teoria quântica estava alcançando grande sucesso científico no nível teórico, e que o conflito entre localidade e não localidade sugerido pela desigualdade de Bell poderia ser resolvido por experimentos que derrotariam a tese da localidade; Aspect estava confiante de que poderia demonstrar a teoria quântica e seus efeitos não locais.

Em meados da década de 1970, ainda estudante de doutorado, ele propôs um experimento real, baseado em dois fótons únicos, mas relacionados porque foram emitidos juntos pela mesma fonte atômica. Em seu experimento, os dois fótons teriam viajado em direções opostas e seriam controlados por dois detectores colocados à distância.

A ideia era muito original. Bell, quando perguntado, deu sua aprovação; mas com ressalvas. Primeiro ele queria verificar se o jovem francês já tinha um salário fixo. Na verdade, Bell acreditava que a ideia de Aspect era tão bizarra, que poderia ter colocado em risco sua carreira.

Após um longo trabalho preparatório, a Aspect e seus colaboradores, Jean Dalibard e Gérard Roger, dois pesquisadores do "Institut d'Optique Graduate School", realizaram o experimento três vezes entre 1981 e 1982. Seu empenho não diminuiu devido a dificuldades econômicas. Entre outras coisas, eles fabricavam polarizadores que, graças à sua rápida rotação, poderiam ter respondido à questão da localização. Esses polarizadores estão atualmente expostos na vitrine histórica do Institut d'Optique onde os experimentos ocorreram na dependência de Orsay. A sede do Institut, por sua vez, está localizada em Palaiseau, no campus da Universidade Paris-Saclay.

O trabalho da Aspect foi premiado; ele e sua equipe encontraram a melhor confirmação possível de não-localidade na mecânica quântica e negaram categoricamente qualquer possível teoria de variável oculta local.

As consequências dos experimentos foram muito além de demonstrar a validade da mecânica quântica, mas destacaram o papel fundamental desempenhado pelo emaranhamento. Como vimos, no estado emaranhado a observação do estado de um fóton nos permite deduzir o estado do outro.

Os experimentos de Aspect tiveram enorme ressonância e deram lugar a uma longa sucessão de investigações teóricas e experimentais sobre o emaranhamento. Pode-se dizer que os experimentos de Alain Aspect marcaram o início da Ciência da Computação Quântica.

Em 2013, a Aspect recebeu o prestigioso Prêmio Balzan com a seguinte motivação:

> "Por seus experimentos de ponta que confirmaram a Mecânica Quântica, em contraste com as teorias com variáveis ocultas locais. Seu trabalho abriu caminho para o controle experimental de estados quânticos emaranhados, um elemento essencial da Computação Quântica".

Figura 49 - Aspecto Alain. Desde o início da década de 1980, ele realizou várias vezes o experimento proposto por John Bell para confirmar o paradoxo EPR. O experimento, por outro lado, confirmou a teoria do emaranhamento de partículas correlacionadas.

Entre os experimentos subsequentes é útil lembrar o de Wolfgang Tittel. Este estudioso obteve seu doutorado na Universidade de Genebra, trabalhou como pós-doutorado na Universidade de Aarhus e na Universidade de Genebra e em 2006 ingressou na Universidade de Calgary (Canadá) como presidente de pesquisa industrial. Ele se envolveu em experimentos inovadores desde o início dos estudos de comunicação quântica aplicados à criptografia.

Em 1988, junto com o "Grupo de Genebra", realizou um experimento com o qual demonstrou que a distância não afeta o emaranhamento. A luz foi enviada através de cabos de fibra óptica por distâncias de vários quilômetros antes de ser analisada, sem que os resultados variassem.

Dez anos depois, em 1998, Gregor Weihs e sua equipe de Innsbruck liderada por Anton Zeilinger realizaram um experimento que melhorou o de 1982 da Aspect, confirmando os mesmos resultados.

Infelizmente, Bell morreu inesperadamente em 1990 de uma hemorragia cerebral sem poder receber o Prêmio Nobel pelo qual acabara de receber a indicação.

Parte TRÊS. As perspectivas.

Tudo é "uma coisa".

Se Deus criou o mundo, não podemos dizer que ele teve muito cuidado para facilitar o entendimento.
(Albert Einstein)

Os experimentos de Alain Aspect representaram a confirmação definitiva das previsões da mecânica quântica e, em particular, do não-determinismo e da não-localidade.

No contexto de aceitação geral desses princípios ainda havia algum cientista que se distinguia como inconformista e não queria desistir da tentativa de enquadrar a mecânica quântica em um contexto determinista. Refiro-me a David Bohm. No entanto, em seu desejo de racionalizar o não-racionalizável, acabou desenvolvendo uma versão ainda mais romântica, se possível, do quântico ortodoxo, e mereceu plenamente a colocação no Olimpo dos filósofos da ciência.

A história que conto nesta terceira parte é a de um homem extremamente honesto e determinado em suas ousadas teorias científicas, que não hesitou em transpor suas teorias para o comportamento social. Isso lhe rendeu poderosas antipatias sempre que se viu operando em contextos conformistas e politicamente preconceituosos, como os típicos de seu tempo.

David Bohm

David Bohm, físico e filósofo americano, nasceu em 20 de dezembro de 1917 em Wilkes-Barre, cidade dos Estados Unidos da América localizada no centro do Vale do Wyoming, no condado de Luzerne, no nordeste da Pensilvânia.

Ele é conhecido principalmente por ter apresentado uma interpretação da mecânica quântica na qual desenvolve o conceito de "onda piloto" de Louis de Broglie e introduz o conceito de potencial quântico.

Seus pais eram de origem judaica. Seu pai, Samuel Bohm, era um emigrante húngaro e sua mãe era da Lituânia.

O pai, dono de uma loja de móveis, também era assistente do rabino local. Ele mesmo cuidou da educação dos jovens de seu filho David. Aos 17 anos, em 1930, David começou a frequentar o Pennsylvania State College, onde conheceu a mecânica quântica e foi atraído por ela, tornando-a objeto de seus estudos até se formar em física em 1939.

David continuou seus estudos sob a orientação de Robert Oppenheimer. Lembre-se que a fama deste cientista está ligada principalmente à construção da primeira bomba atômica como parte do projeto Manhattan. Posteriormente, Oppenheimer teve uma crise de consciência e se recusou a trabalhar para a bomba de hidrogênio.

Talvez tenham sido os ensinamentos de Oppenheimer que ajudaram a desenvolver ainda mais o forte senso moral de justiça de Bohm.

Depois de continuar seus estudos no CalTech (California Institute of Technology) em Pasadena, matriculou-se na UC (Universidade da Califórnia) em Berkeley, onde obteve seu doutorado em 1943. Bohm exerceu sua atividade como físico teórico nas mais importantes universidades americanas.

De 1947 a 1951 lecionou na Universidade de Princeton enquanto se dedicava ao estudo dos plasmas.

O plasma é um gás altamente ionizado e, em geral, eletricamente neutro: concretamente, um sistema formado por íons livres positivos e negativos, com concentrações iguais.

O termo "ionizado" indica que uma fração significativamente grande de elétrons foi retirada de seus respectivos átomos.

O plasma é considerado o quarto estado da matéria, que se destaca e se soma ao sólido, líquido e gasoso. Nesse sentido, reproduz a ideia dos quatro elementos (fogo, terra, ar e água), que historicamente remonta ao filósofo grego Empédocles.

O plasma foi identificado por Sir William Crookes em 1879, mas o nome "plasma" é devido a Irving Langmuir que o cunhou em 1928.

Até o final do século passado, os estudos sobre plasmas eram principalmente uma curiosidade, com pouquíssimas exceções, entre as quais podemos lembrar os de Nikola Tesla sobre descargas de plasma, lâmpadas de plasma e plasma frio usados na produção de ozônio. Depois de 1920 Irving Langmuir estudou a interação dos plasmas com as paredes do recipiente em que foram formados, obtendo o Prêmio Nobel em 1932.

Um interesse mais concreto em plasmas desenvolveu-se quando a Conferência de Átomos para a Paz de Genebra iniciou estudos sobre a exploração pacífica da fusão nuclear.

Em seu estudo sobre plasmas, Bohm percebeu imediatamente a peculiaridade, típica dos elétrons quando se tornam parte de um plasma, de perder seu "individualismo" para passar a se comportar como parte de uma realidade maior e interconectada, dando a impressão de serem animados por uma inteligência coordenadora sua atividade.

Ele logo descobriu, junto com seu colega Yakir Aharonov, o Efeito Aharonov-Bohm, um fenômeno da mecânica quântica em que uma partícula carregada é afetada por campos eletromagnéticos em regiões onde esses campos são zero.

Em 1947 Bohm estudou o comportamento dos elétrons nos metais. Com base no que observou para os plasmas, ele notou que mesmo nos metais os movimentos individuais dos elétrons individuais são capazes de produzir efeitos "coletivos" organizados.

Em sua interpretação filosófica, Bohm passou a identificar o comportamento das massas de elétrons com o das comunidades de seres humanos. Ele estabeleceu uma conexão entre os comportamentos coordenados de elétrons individuais em metais e os de indivíduos em seus contextos sociais. Segundo Bohm, o comportamento típico dos plasmas era uma metáfora válida para o comportamento humano organizado. Ele desenvolveu a convicção de que as maiores analogias eram aquelas entre as "sociedades de plasma" e as sociedades humanas organizadas de acordo com as teorias marxistas.

Essas sugestões reforçaram os primeiros ideais marxistas de Bohm. Nos últimos anos, ele abandonou decisivamente essas idéias por seu fundamento materialista e preferiu se dedicar a uma visão mais espiritual do cosmos.

Os resultados de seus estudos sobre o comportamento dos elétrons nos metais convenceram seu antigo professor, Oppenheimer, a incluí-lo entre os cientistas chamados para trabalhar em Los Alamos, no Projeto Manhattan, programa de pesquisa e desenvolvimento no campo militar que levou à criação das primeiras bombas atômicas durante a Segunda Guerra Mundial. Infelizmente, Bohm tinha uma formação política que não era muito tranquilizadora para a época e o general Leslie Groves se opôs à entrada de Bohm no projeto, devido às ideias que professou em sua juventude.

Figura 50 - O físico David Bohm propôs uma fascinante interpretação holística da mecânica quântica, que contrariava a visão ortodoxa conhecida como "Interpretação de Copenhague".

De fato, entre o final da década de 1940 e meados da década de 1950, vivia-se a fase máxima da chamada "caça às bruxas" ou "McCarthyism". Esta foi uma atitude política generalizada nos Estados Unidos da América, caracterizada por um clima exasperado de suspeita e comportamento persecutório em relação a pessoas ou grupos considerados subversivos. Foi nomeado após o senador J.R. McCarthy, diretor da Comissão para a Supressão de Atividades Antiamericanas.

Milhares de pessoas foram submetidas à vigilância e muitas sofreram ataques pessoais, muitas vezes baseados em alegações infundadas.

Foi dada especial atenção aos funcionários do governo, artistas e homens de cultura e figuras importantes da classe média industrial que foram rotulados como "comunistas comprometidos em minar os fundamentos da sociedade americana".

Nesse clima, em 1948 Bohm foi chamado a depor devido à sua adesão ao Partido Comunista que ocorreu em 1942 e terminou após apenas nove meses, mas recusou-se a comparecer apelando para a Quinta Emenda, ou seja, o direito de não responder .

Após um ano, foi novamente convidado a comparecer perante o Grande Júri, mas mais uma vez recusou, apelando para a mesma disposição constitucional. Mas agora a atenção estava voltada para ele. Em 1949 foi preso por desacato ao tribunal e cumpriu alguns dias de prisão, até ser libertado sob fiança.

Em 1950 foi absolvido mas, entretanto, perdeu o emprego na Universidade de Princeton, que o despediu devido à pressão dos seus financistas.

A essa altura, Bohm estava na lista de pesquisadores proibidos e nem mesmo Einstein, que o queria como assistente, pôde lhe oferecer a oportunidade. Ele foi forçado a emigrar para o Brasil na Universidade de São Paulo, mas ainda era um cidadão americano, então a embaixada dos EUA retirou seu passaporte temendo que ele pudesse ir para a União Soviética.

Para evitar o completo isolamento, Bohm assumiu a nacionalidade brasileira. Isso lhe permitiu, em 1955, deixar o Brasil e ir para Israel por dois anos, no Instituto Technion, em Haifa. Daqui mudou-se por quatro anos para a Universidade de Bristol na Grã-Bretanha e, finalmente, em 1961, estabeleceu-se definitivamente em Londres, onde foi nomeado professor de física teórica no Birkbeck College.

Em 1951, Bohm publicou "Quantum Theory", um texto sobre física quântica em que analisava a interpretação da teoria quântica e, retomando algumas ideias do experimento mental EPR, colocou-se entre os críticos da interpretação de Copenhague. De fato, Bohm destacou os aspectos obscuros da teoria e contestou a impossibilidade de estender a aleatoriedade e o determinismo aos objetos da mecânica quântica. Bohm, como Einstein, estava profundamente preocupado com a posição da comunidade científica que agora aceitava "supinamente" a realidade da indeterminação e não-localidade.

Bohm considerava sua missão reintroduzir uma forma de determinismo que funcionava mesmo nos extremamente pequenos. Ele se sentiu gratificado por dar a Einstein uma cópia de seu livro.

O "potencial quântico".

O princípio de Heisenberg afirma que não é possível estabelecer qual é a trajetória de uma partícula, como um elétron, pois seria necessário conhecer sua velocidade e posição ao mesmo tempo. Como já mencionado, a única possibilidade é calcular uma função de onda, dentro da qual a partícula ocupa uma posição probabilística. Quando uma medição é feita, a partícula "colapsa" e aparece em um local preciso, mas entre uma medição e outra ela "desaparece" em uma nuvem de probabilidade.

Isso não agradou a Bohm; ele rejeitou a noção de que a função probabilística poderia ser a melhor representação possível de uma partícula. Por isso, decidiu investigar a maneira como um elétron estabelece a trajetória que terá de percorrer. Simplificando, ele tentou reintroduzir o conceito de causalidade, ou seja, identificar um mecanismo preciso capaz de guiar partículas. Desta forma as partículas seriam libertadas do contexto indeterminado e probabilístico.

Bohm partiu do princípio da incerteza de Heisenberg e reformulou a fórmula, adicionando um novo parâmetro, o "potencial quântico". Com isso, ele criou uma nova matemática quântica, a "mecânica bohmiana".

A "mecânica bohmiana" propõe que a partícula não se move aleatoriamente, mas respondendo a uma força, o "potencial quântico". Essa força fornece informações à partícula por meio de conexões instantâneas, ou seja, não locais.

Para operar não-local, o potencial quântico deve manter sua intensidade independentemente da distância. Ou seja, o potencial quântico deve operar de maneira oposta à de todas as outras forças eletromagnéticas. Como se sabe, as outras forças eletromagnéticas diminuem devido ao inverso do quadrado da distância.

De acordo com Bohm, o potencial quântico conduz o elétron de uma maneira que não é aleatória nem mecânica, mas inteligente. Em outras palavras, Bohm defende a existência de um campo de informação, graças ao qual a partícula não está sujeita aos caprichos misteriosos do acaso, mas é constantemente informada sobre o ambiente circundante, obtendo informações do mesmo ambiente. Evidentemente, Bohm sugere um ambiente metafísico, sem espaço e sem tempo.

Portanto, quando as partículas se movem em seu caminho (e lembre-se de que as partículas estão em constante agitação), elas não o fazem aleatoriamente, mas respondem ao pacote de informações fornecido pelo potencial quântico. Desta forma Bohm restaura um comportamento determinístico para as partículas elementares, que no entanto é devido a uma força absolutamente misteriosa.

Bohm representa esse conceito com uma de suas famosas metáforas, a do navio.

Um navio (fig. 51) é capaz de se mover graças à potência de seus motores, mas é guiado por instrumentos de navegação, sem os quais nunca chegaria a um porto e correria o risco de colidir com alguns baixios a cada momento.

Figura 51 - Na metáfora da nave, Bohm representa a partícula como uma nave empurrada pela "força bruta" de seus motores, mas guiada pela inteligência da instrumentação, ou seja, pelo potencial quântico que se vale da informação global e transmite isso para o navio.

Metáforas de David Bohm. O navio

A O potencial quântico representa a informação que impulsiona a nave

B Os motores representam a força que impulsiona o navio

Os motores representam a potência, as certezas da física clássica que fazem o navio se mover no mar. Em vez disso, os instrumentos de navegação, da antiga bússola ao radar moderno, são as informações que determinam o curso seguro e representam o potencial quântico.

Um pequeno sinal de radar, não muito forte, é suficiente para guiar o navio. Segundo Bohm, o potencial quântico não depende da intensidade, mas da forma. É uma energia que, embora modesta, é muito bem informada e consegue dar forma à grande energia dos motores, que por si só seria "crua" e "sem forma! ..

Muitos elementos concretos sugerem que o potencial quântico não é apenas uma abstração teórica de Bohm. A existência de um imenso mar de energia que permeia todo o universo é prevista pela mesma teoria quântica clássica. Esse depósito quase infinito seria o "vácuo quântico", também conhecido como "campo de ponto zero" ou "efeito Casimir". Esta última definição deriva do fato de que a existência do "vácuo quântico" foi demonstrada pelo físico holandês Hendrik Casimir já em 1948.

O efeito Casimir consiste na atração que se cria entre dois corpos situados no vazio, ou seja, onde não deveria haver motivo de atração. No entanto, como a atração está lá, significa que o vazio não está realmente vazio. De fato, a presença de uma força, chamada campo de ponto zero, é assumida. Este campo surge da energia do vácuo, determinada por partículas virtuais que são criadas continuamente como resultado de flutuações quânticas, conforme previsto pelo princípio da incerteza de Heisenberg.

Portanto, o vácuo tem uma "energia subjacente" ou "transcendendo a realidade da matéria", que se estende por todas as áreas "vazias" do universo. A densidade de sua energia foi estimada em valores imensos, que estabelecem uma relação desproporcionalmente desequilibrada com a do cosmos que conhecemos e que se apresenta na forma de matéria.

Se tomarmos a imagem do átomo, lembramos que ele é considerado composto quase inteiramente de vazio. Bem, o efeito Casimir prevê que esse vazio não é vazio, mas energia. A partir disso, entendemos como a energia do vácuo é imensamente maior que a do "não-vácuo". Se permitirmos a toda essa energia a capacidade de se expressar na forma de um potencial quântico, percebemos o poder do conceito desenvolvido por Bohm.

O papel do observador.

A mecânica quântica prevê que a realidade cósmica é o resultado de dois fatores: uma força "bruta" inerente à matéria e um "sistema guia" que fornece à matéria instruções capazes de fazer sua força funcionar de forma inteligente.

O primeiro fator, a força bruta, caracteriza o nível macroscópico, ou médio, em que vivemos e que interpretamos de acordo com as leis da física newtoniana e a relatividade de Einstein. Nesse nível, o papel do observador não tem influência. De fato, é muito difícil que, observando um fenômeno, possamos mudar seu desenvolvimento. Não poderemos mover nenhuma cadeira olhando para ela. Ao mesmo tempo, nenhuma cadeira se moverá em dois caminhos diferentes quando não estivermos olhando para ela.

O segundo fator, ou seja, o sistema de orientação, exige que o observador seja parte do próprio fenômeno e influencie seu desenvolvimento simplesmente observando-o. Como já mencionado. isso acontece no caso de fótons que se comportam como partículas quando são observados e como ondas quando não são observados. No nível subatômico, o papel do observador assume características muito particulares. O observador torna-se parte de um único sistema que inclui a si mesmo e o objeto observado. Observador e observado tornam-se indistinguíveis e exercem uma influência recíproca que não pode ser ignorada.

Na física quântica o cientista não pode imaginar ser um observador objetivo "colocado fora", porque sua própria presença ajuda a modelar a realidade que está observando.

John Wheeler foi um físico americano, uma figura carismática da física das décadas de 1930 e 1940; sob sua liderança, muitos físicos famosos foram treinados, incluindo Richard Feynman. Wheeler, entre outras coisas, cunhou o termo "warmhole" que indica os possíveis túneis espaciais ou passagens entre as diferentes regiões do espaço-tempo.

Wheeler acredita que o envolvimento do observador na realidade subatômica observada é mesmo o aspecto mais importante da física quântica, a ponto de propor a eliminação do termo "observador" substituindo-o pelo de "participante". Ele expressa essa crença em uma citação famosa:

> "Na mecânica quântica nada é mais importante do que o fato de que o conceito entendido como "algo que está fora daqui" é destruído.
>
> Isso é verdade mesmo quando o observador está a uma distância segura, separado do objeto observado por placas de vidro de vinte centímetros de espessura. Ao observar um objeto tão pequeno quanto um elétron, o observador deve ir além do vidro: ele deve "entrar" para instalar o dispositivo de medição que escolheu. Cabe a ele decidir se mede a posição ou o momento. A instalação do dispositivo para medir uma das duas grandezas o impede de instalar outro dispositivo para medir a outra grandeza.
>
> Além disso, a medição altera o estado do elétron. Após a medição, o universo não é mais o mesmo. Para descrever o que aconteceu, a antiga palavra "observador" deve ser removida e substituída pela nova palavra "participante". De certa forma, o universo é um universo participativo."

Já tratei desse tema na primeira parte do livro, ao qual me refiro: O universo existe porque o olhamos.

Sem fragmentação.

Segundo Bohm, as partículas subatômicas, graças ao potencial quântico, estão imersas em um "campo de forma". A partir deste campo, as partículas recebem todas as informações necessárias a qualquer momento para decidir como se movimentar.

Mas, como o nível macroscópico é composto por um número quase infinito de partículas subatômicas, todo ser vivo está sujeito a um campo de forma que, a cada instante, sugere a cada partícula de seu corpo as coordenadas de seus movimentos microscópicos.

A diferença entre os dois fatores (macroscópico e microscópico) é que o primeiro precisa de espaço e tempo para acontecer, ou seja, tem características locais, enquanto o fator microscópico, que é o sistema guia, não precisa de espaço nem de tempo. existe em uma dimensão não-local. O sistema de orientação é a expressão de um "infinito" localizado fora do espaço e do tempo. O sistema orientador não produz informação ao recebê-la de um lugar específico, mas a possui em um "todo universal", uma espécie de pré-espaço que contém a consciência do universo.

No contexto da mecânica bohmiana, as partículas de um sistema, a qualquer distância em que se encontrem, são conectadas de maneira não local através do potencial quântico. A consequência mais imediata é a percepção de que não existem objetos separados e independentes, mas o todo está interligado para formar uma única coisa.

Além disso, como já vimos, não existe um todo que seja "outro" de nós e que possamos observar de fora, mas nós mesmos somos uma parte ativa do todo. A mecânica quântica manifesta um universo totalmente interconectado. É uma realidade que não podemos decompor em partes elementares com vida independente, a ponto de nem nós mesmos, ao observá-la, podermos nos chamar para fora, estabelecendo que "o universo está lá fora e nós estamos aqui". Ao estudar a intimidade da matéria, passamos a entender que as partículas que a compõem não representam os blocos de construção fundamentais no sentido pretendido por Demócrito. As partículas são puras idealizações, hipóteses de estudo capazes de fornecer representações ideais de uma realidade impossível de representar. Na verdade, as partículas são abstrações convencionais.

Na realidade existe uma interconexão cósmica composta de energias vibratórias probabilísticas, que não podem ser colocadas exatamente no espaço como o entendemos.

Figura 52 - A metáfora de Bohm sobre a superposição quântica. Metáforas de David Bohm. O Peixe.

O mesmo peixe, quando visto de ângulos diferentes, pode dar a impressão de que são dois peixes.

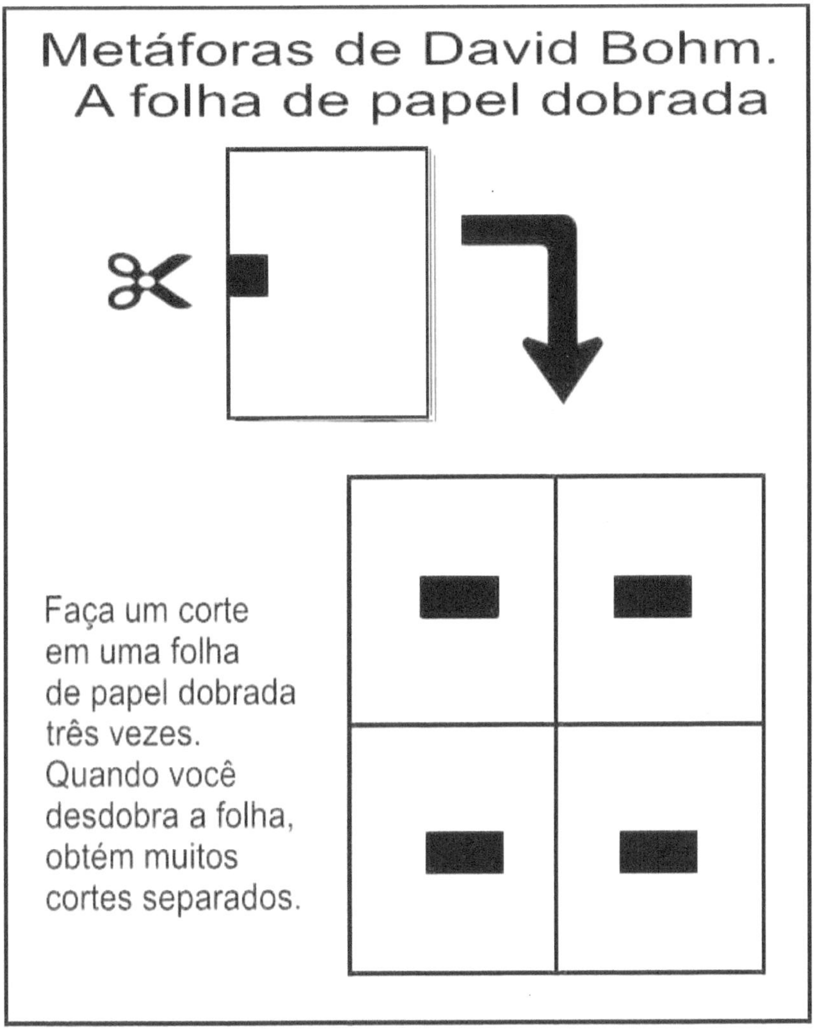

Figura 53 - Os muitos furos que aparecem na folha desdobrada são, na realidade, resultado de um único corte.

Metáforas de David Bohm. A folha dobrada.

Faça um corte em uma folha de papel dobrada três vezes.

Quando você desdobra a folha, obtém muitos cortes separados.

Quanto ao mérito, Bohm se expressa assim no ensaio escrito em conjunto com Basil Hiley para a revista "Foundation of Physics", publicado em 1975 com o título "Sobre o entendimento intuitivo da não localidade como implicado pela teoria quântica". (Sobre a compreensão intuitiva da não-localidade como implícita na teoria quântica):

> "Nós derrubamos a concepção clássica usual segundo a qual as "partes elementares" independentes do mundo são a realidade fundamental, e os vários sistemas são apenas formas e arranjos particulares e contingentes dessas partes. o quantum de interligação inseparável de todo o universo e que as partes que têm um comportamento relativamente independente são apenas formas particulares e contingentes dentro desse todo".

Como se dissesse que a carruagem do rei Milinda não é a soma completamente aleatória de rodas, eixos e cavalos, como reivindica o materialismo, mas que esses elementos são, ao contrário, partes ocasionais de uma realidade que é a carruagem.

Qualquer que seja a forma do eixo, qualquer que seja o número de raios que as rodas tenham, qualquer que seja a cor ou o número de cavalos, é completamente irrelevante para o triunfo do projeto transcendente da carruagem.

No nível subatômico, os objetos nos quais a matéria sólida se materializa se dissolvem em ondas de probabilidade interconectadas em um todo.

Não há fragmentação, mas apenas um unicum repleto de vibrações. Se usarmos óculos de física quântica não podemos mais ver o universo como uma coleção de objetos diferentes, de grãos de pólen a galáxias, bem definidos e distintos uns dos outros. O que nos aparece é uma imensa rede de energias relacionadas em um todo que também inclui a nós mesmos.

No ensaio "interpretação da matriz S da teoria quântica", o físico americano Henry Pierce Stapp afirma:

> "O mundo aparece como uma complicada teia de eventos, em que diferentes tipos de interconexões se alternam, se sobrepõem e se combinam, determinando a estrutura do todo".

A metáfora do peixe sendo fotografado de diferentes ângulos (fig. 52) descreve soberbamente o conceito segundo o qual, embora existam manifestações aparentemente diferentes de um objeto, de modo a levar a crer que se trata de vários objetos distintos, na verdade ele é um objeto apenas.

"Ordem Implícita" e "Ordem Explícita".

"Em um nível muito profundo, a matéria e a consciência são completamente inseparáveis e interconectadas, assim como em um videogame, o jogador e a tela estão unidos pela participação em um processo comum. Nesta visão, mente e matéria são dois aspectos de um único todo e não são mais separáveis do que forma e conteúdo. Em níveis muito profundos, a consciência da humanidade é uma.

(David Bohm)

Metáforas de David Bohm.
A tinta na glicerina
1 Uma gota de tinta
que caiu na glicerina
permanece inteira
2 Ao girar o
cilindro interno,
a gota se
espalha
na glicerina
3 Girando o cilindro interno
na direção oposta,
a gota reconstitui
sua forma original.

Figura 54 - A metáfora de David Bohm sobre uma gota de tinta dispersa em glicerina.

Metáforas de David Bohm. A tinta na glicerina

1 Uma gota de tinta na glicerina permanece inteira

2 Ao girar o cilindro interno, a gota se espalha na glicerina

3 Ao girar o cilindro interno na direção oposta, a gota restaura sua forma original.

Em seus estudos sobre plasma, Bohm ficou fascinado por como, em uma situação superficial de caos aparente, a ordem poderia emergir de uma camada mais profunda. Essa experiência o impressionou a ponto de torná-la um elemento caracterizador de todos os seus estudos. Cada uma de suas intuições partiu da possibilidade de que um fenômeno pudesse ser entendido em suas conotações mais íntimas a partir do pressuposto da existência de uma "inteligência reguladora" subjacente ou implícita.

Isso o levou a teorizar a existência de uma ordem transcendente do tempo e do espaço, inerente às dobras mais profundas da realidade, que ele chamou de "ordem implícita" ou "ordem dobrada". Bohm assumiu que essa ordem não existia apenas no mundo das partículas elementares, mas em todo o universo. A ordem implícita, típica da parte mais oculta do cosmos, opõe-se à "ordem explícita", que é a ordem das coisas como as vemos, ou como nos aparecem em nossa experiência.

Bohm teve as primeiras intuições da existência de uma ordem implicada quando sonhou com um universo composto por um número infinito de espelhos esféricos, que se refletiam uns nos outros. Ele imaginou a matéria como composta de átomos onde cada átomo, como um espelho, reflete infinitos reflexos.

A metáfora da figura 53 ilustra que relação pode existir entre a ordem implícita e a ordem explicada. Vamos imaginar dobrar uma folha de papel em três ou mais partes. Com a tesoura abrimos uma única janela em qualquer ponto da folha. Bastará desdobrar a folha para perceber a existência de muitas janelas, separadas espacialmente umas das outras: essa separação é completamente ilusória se considerarmos a folha dobrada, mas se expressa aos nossos sentidos como uma soma de janelas quando desdobrar a folha. Evidentemente, a folha dobrada representa a ordem implícita, enquanto a folha desdobrada representa a ordem explicada.

Bohm adorava elaborar metáforas para sustentar seus argumentos. Quanto à ordem implícita e explícita, ele imaginou uma dimensão implicada contendo a informação da realidade de uma forma que não é inteligível aos nossos sentidos, mas capaz de ser expressa em formas e modos que nos são compreensíveis, mesmo que não correspondam mais a realidade.

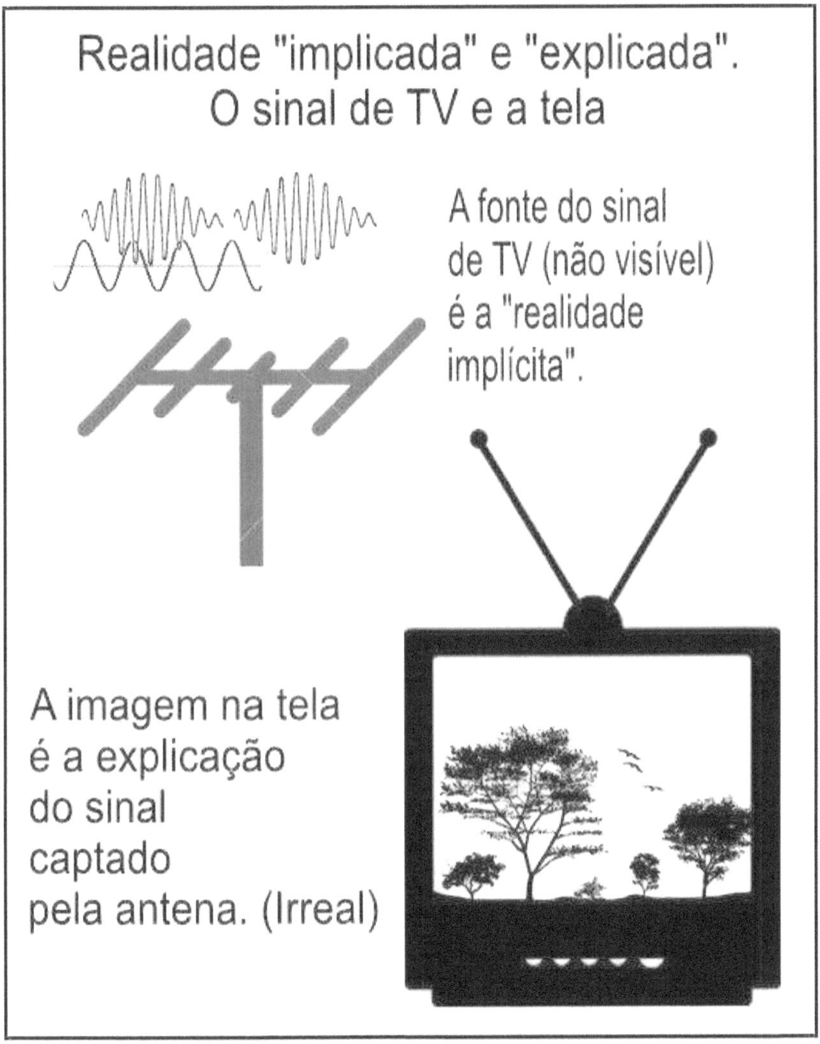

Figura 55 - A "realidade explicada" é apenas uma interpretação irreal dos sinais recebidos de uma fonte externa através da antena.
Realidade "implicada" e "explicada".
O sinal de TV e a tela
a - A fonte do sinal de TV (não visível) é a "realidade implícita".
B - A imagem na tela é a explicação do sinal
captado pela antena. (Irreal.

Realidade "implicada" e "explicada".
O video game

Os eventos que se desenrolam na tela são a "realidade explicada"

O software que orienta os eventos é a “realidade envolvida”

Figura 56 - A realidade explícita (o que você vê na tela) é a representação, adaptada aos nossos sentidos, da realidade implicada, ou seja, do software vindo do cartucho carregado no console.

Realidade "implicada" e "explicada". O video game

a - Os eventos que se desenvolvem na tela são a "realidade explicada"

b - O software que orienta os eventos é a "realidade envolvida".

Na metáfora do sinal de TV (fig. 55) a ordem implicada é composta por radiofrequências, invisíveis e incompreensíveis para nós, que se estendem até o éter e podem ser captadas por uma antena. Quando transferidas para o receptor, as frequências de rádio são expressas para que nossos olhos e ouvidos possam compartilhá-las. Claro, o que vemos na tela é apenas a transposição em formas e cores de uma realidade indecifrável.

Ainda mais adequada, se possível, é a metáfora do videojogo (fig. 56) onde uma inteligência alheia ao nosso ambiente e à nossa consciência, que é o software proveniente do cartucho inserido na consola, cria-nos a ilusão de um fantástico mundo com o qual podemos interagir como se estivéssemos realmente imersos nele enquanto, na realidade, é pura ilusão.

Outra metáfora prevê que as duas ordens podem ser ilustradas montando o dispositivo da figura 54 que foi explicado pelo próprio Bohm em entrevista ao site "oubliettemagazine.com":

> "Quando eu estava pensando no universo envolvido, um programa de ciências da BBC mostrou um aparelho que ilustra bem o conceito. Ele consiste em dois cilindros de vidro concêntricos. Entre eles há um fluido viscoso, como a glicerina. Se uma gota de tinta insolúvel é colocado na glicerina e o cilindro externo é girado lentamente, a gota de corante será esticada em um rastro. Finalmente, o rastro se torna tão difuso que se torna quase invisível. Nesse momento, parece não haver ordem presente.
>
> No entanto, se você girar lentamente o cilindro para trás, a glicerina retornará à sua forma original e, de repente, a gota de tinta se tornará visível novamente. A gota de tinta que se dispersou na glicerina é reconstituída graças à rotação inversa."

Temos dois cilindros de vidro concêntricos, um dos quais é capaz de girar lentamente. O espaço entre os dois cilindros é preenchido com um líquido viscoso como a glicerina. Quando um cilindro é girado, o fluido próximo é arrastado junto com ele. Mas suponha que o cilindro móvel agora seja girado na direção inversa. Se o fluido for muito viscoso como a glicerina, e o cilindro não for girado muito rápido, então o elemento fluido irá refazer seus passos exatamente e reconstituir a gota de tinta original.

Essa metáfora ensina que existe uma ordem oculta mesmo no caos aparente. Quando a forma da gota de tinta se dissolve até desaparecer, sua ordem não é destruída, mas permanece implícita na glicerina. Esta gota dissolvida representa a ordem implícita, enquanto a gota inteira representa a ordem explicada, ou seja, a realidade tal como aparece aos nossos sentidos. A rotação do cilindro desempenha um papel decisivo e representa a dinâmica que unifica as duas ordens. Na elaboração bohmiana essa dinâmica é chamada.

Um holograma cósmico gigante.

O termo holograma geralmente identifica imagens tridimensionais e, em particular, imagens estereoscópicas, ou seja, aquelas que aparecem com diferentes perspectivas dependendo do ponto de observação. Portanto, um holograma é uma representação tridimensional da realidade, e poderia ser comparado a uma fotografia normal se não fosse bidimensional. Ao fotografar um objeto com métodos clássicos, você pode vê-lo exatamente do ponto de vista da lente usada para tirar a foto. Se você filmar uma pessoa na frente, sempre verá seu rosto, mas nunca poderá ver seu pescoço. Por outro lado, um holograma fornecerá a imagem tridimensional da cena, onde objetos e pessoas aparecerão como colocados no centro de um palco.

Os hologramas são obtidos com técnicas especiais. O registro ocorre por meio de um feixe de luz laser enviado tanto para o objeto a ser reproduzido quanto para uma placa de material sensível.

Graças a um jogo de espelhos, a luz vinda da fonte interfere na refletida no objeto. Como resultado, linhas são formadas na placa, chamadas de franjas de interferência. Em palavras mais simples, a imagem do objeto fotografado não aparece na placa, mas um emaranhado de linhas que contém informações sobre a tridimensionalidade.

Claro, a imagem gravada pode ser reproduzida com notável precisão, simplesmente iluminando a placa com outro feixe de laser. Este, de fato, consegue decodificar a informação reconstruindo a imagem tridimensional do objeto sendo fotografado, que aparece para o espectador como se estivesse fisicamente presente. Graças a melhorias e desenvolvimentos técnicos, os hologramas agora também podem ser visíveis em "luz branca" ou luz solar.

Hoje também existem hologramas impressos, nos quais a grade de difração é reproduzida em um suporte plástico transparente, colocado por sua vez sobre uma camada de prata. Podemos ver hologramas semelhantes, por exemplo, em alguns cartões de crédito.

Um holograma tem uma peculiaridade muito interessante, que o distingue claramente de uma foto normal em que a informação é cristalizada no papel. Se você cortar uma fotografia em duas partes e jogar fora uma parte, a informação contida nela pode ser considerada permanentemente perdida. Você nunca será capaz de reconstruir, a partir da metade sobrevivente, o conteúdo da que falta, a não ser por aproximação intuitiva.

Pelo contrário, um holograma pode ser dividido em quantas partes você quiser, e cada parte manterá a informação total.

Bohm sugere a metáfora do ímã (fig. 57). Esse objeto, comumente chamado de ímã, é um corpo metálico que gera um campo magnético invisível ao olho humano e produz os efeitos universalmente conhecidos: pode atrair ou repelir outros ímãs, além de materiais ferrosos. O ímã tem dois pólos, chamados norte e sul. Se o ímã pode girar livremente, o pólo norte é aquele voltado para o norte. Obviamente, na extremidade oposta está o pólo sul.

Pode-se pensar que, ao serrar o ímã no meio, são obtidas duas partes, uma com apenas o pólo norte e outra apenas com o pólo sul. Não é assim. Cada uma das duas partes reconstitui imediatamente o pólo que falta.

**Informação holográfica.
Cada parte contém o todo**

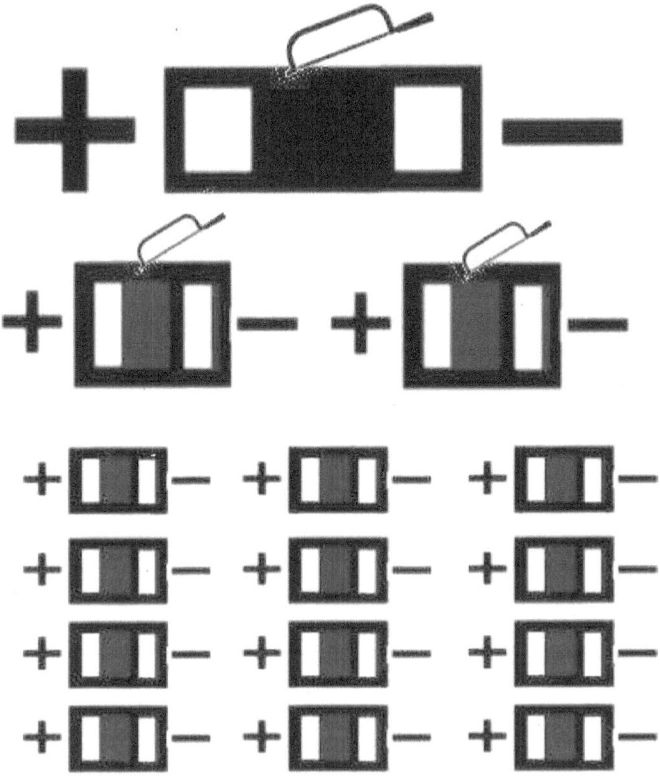

Um ímã pode ser dividido em várias partes.
Cada parte retém os pólos positivo e negativo

Figura 57 - Um ímã pode representar uma realidade holográfica. Se o ímã for dividido em qualquer número de partes, cada parte mantém as características do todo.

Informações holográficas. Cada parte contém o todo

Um ímã pode ser dividido em muitas partes. Cada parte retém os pólos positivo e negativo.

Você pode dividir um ímã em quantas partes quiser; em qualquer caso, por menor que seja, cada parte será equipada com um pólo norte e um pólo sul, ou seja, cada parte manterá intacta todas as informações do ímã original do qual foi obtida.

Ao cortar um holograma em duas, dez, cem ou mil partes, acontece a mesma coisa. Cada parte guarda todas as informações da matriz de onde vem.

Além disso, um holograma tem uma incrível capacidade de armazenamento do ponto de vista quantitativo: basta alterar o ângulo com que dois feixes de laser gravam o filme para acumular milhões de bilhões de informações em um único centímetro cúbico de espaço.

A analogia com o "universo implicado" é evidente: aqui também cada parte está interligada com todas as outras formando uma única coisa, e nessa rede de conexões até a menor parte, como uma única partícula, contém a informação global.

No mesmo momento em que a informação de todo o cosmos pode ser reconhecida na menor partícula, a teoria bohmiana assume características holográficas e o universo, entendido como uma ordem implícita e explícita, pode ser imaginado como um imenso holograma..

O universo holográfico.

A coisa mais surpreendente sobre o modelo holográfico foi que de repente ele deu sentido a uma ampla gama de fenômenos incompreensíveis, como serem considerados fora dos limites da ciência. Estes incluem telepatia, precognição, sentimentos místicos de unidade com o universo e até psicocinese, ou a capacidade da mente de mover objetos materiais sem que ninguém os toque."

(Michael Talbot, "Tudo é Um")

As intuições de Bohm logo tomaram uma direção precisa, a de um universo imaginado como um gigantesco holograma. Era preciso, no entanto, levar necessariamente em conta o fato de que o universo não é uma realidade estática, mas dinâmica, uma imensa sucessão de energias vibrantes e matéria agitada; na verdade, nada no universo subatômico é estático, como vimos ao descrever o átomo.

Assim, Bohm cunhou o novo termo "holomovimento". O universo, na concepção bohmiana, é um imenso holomovimento no qual cada parte, mesmo a mais ínfima, contém toda a história e inteligência cósmica à medida que se desdobram no tempo e no espaço.

Precisamente porque o universo implicado implica em si todos os universos físicos e seu devir aos nossos sentidos, o holograma resultante nem mesmo conhece o conceito de quietude, mas constitui um movimento eterno de "implicação" e "explicação".

A ordem implicada contém em si todo tempo, passado, presente e futuro, e todo lugar. Tempo e lugar, que na ordem explícita (isto é, em nossa experiência e compreensão) se desdobram em realidades separadas, são um na ordem implícita.

O holomovimento torna possível que a ordem implícita contenha todas as diversidades da ordem explicada. Em uma entrevista, Bohm explica o holomovimento com estas palavras:

> “A mesma ordem implícita foi detectada no movimento complexo de campos eletromagnéticos na forma de ondas de luz. Tal movimento de ondas de luz está presente em todos os lugares e abrange todo o universo de espaço e tempo em cada região. Esse fechamento e desdobramento ocorre não apenas no movimento do campo eletromagnético, mas também em outros campos que obedecem às leis da mecânica quântica que implicam propriedades de descontinuidade e não-localidade. A totalidade do movimento de fechamento e

abertura pode ir imensamente além do que foi detectado no decorrer de nossas observações. Chamamos essa totalidade de "holomovimento".

Na mesma entrevista Bohm diz novamente:

> "Proponho algo assim: imagine um mar de energia infinita preenchendo o espaço vazio, com ondas se movendo por ele, reunindo-se ocasionalmente e produzindo uma pulsação intensa. Digamos que um impulso particular se acumula e se expande, criando nosso universo de espaço-tempo e matéria. Mais desses impulsos podem ocorrer. Para nós, esse impulso parece um Big Bang; em um contexto maior, é uma onda pequena. Tudo emerge da implantação no holomovimento, depois se dobra de volta à ordem implícita. Chamo o processo de dobrar de "implicar" e o de desdobrar de "explicar". O implícito e o explícito são uma coisa fluida e indivisa. ".

Karl Pribram

Karl Pribram nasceu em Viena em 1919 e voltou para o céu em 2015. Foi neurocirurgião, professor de psiquiatria e psicologia em várias universidades americanas, incluindo as universidades de Stanford e Georgetown.

Seus estudos mais importantes dizem respeito ao cérebro humano e ao sistema nervoso: em particular, ele ajudou a definir a natureza do sistema límbico e a relação entre ele e o córtex frontal.

Parecerá estranho falarmos sobre isso neste contexto, dedicado em grande parte a físicos ou filósofos, mas há uma razão muito específica. De fato, Pribram é conhecido principalmente por desenvolver, em colaboração com David Bohm, o chamado "modelo holonômico do cérebro", também conhecido como "modelo holográfico de Pribram e Bohm" ou "paradigma holográfico".

Com esse modelo, Pribram teorizou que a informação e, portanto, também as memórias armazenadas em nosso cérebro, não são "registradas" nos neurônios, mas são o resultado de formas de onda (padrões) interferentes, explicando assim a capacidade do cérebro de armazenar uma enorme quantidade de quantidade de informação em um espaço relativamente pequeno.

Pribram acreditava que as memórias eram armazenadas na rede de impulsos nervosos que tecem por todo o cérebro, assim como os raios laser que se cruzam no filme que contém uma imagem holográfica e permitem, dependendo do ângulo, revelar enormes quantidades de informação.

Em seus estudos neurocirúrgicos, Pribram chegara, como Bohm, à conclusão de que o funcionamento da memória era mais compreensível ao considerá-la semelhante a uma realidade holográfica. Naturalmente, ambos desenvolveram suas convicções seguindo caminhos absolutamente diferentes. Bohm formulou sua teoria seguindo seus estudos em física quântica, enquanto Pribram se convenceu de uma realidade holográfica devido às muitas dificuldades, às vezes intransponíveis, para explicar algumas questões neurofisiológicas.

Na década de 1970 Pribram estava explorando a hipótese de uma realidade holográfica, partindo do princípio de que nosso cérebro processa os sinais recebidos pelos olhos para representar uma realidade mediada, semelhante a um holograma. No entanto, ele não conseguiu resolver uma dúvida: se era um holograma, era o holograma de quê?

Como seu filho era físico, ele pensou em recorrer a ele para comparar algumas ideias, mas imediatamente o aconselhou a entrar em contato com David Bohm, que certamente era a pessoa mais adequada. Pribram assim o fez e de seu encontro nasceu uma identidade de visões, sólida como uma rocha, sobre a possibilidade de que o universo fosse uma realidade holográfica.

Figura 58 - Karl Pribram, independentemente de Bohm, veio a elaborar o conceito de mente holográfica.

Em seu livro "Universo Holográfico: A Teoria Revolucionária da Realidade", Michael Talbot descreve os frutos do encontro entre os dois cientistas da seguinte forma:

> "Em conjunto, as teorias de Bohm e Pribram fornecem uma nova e profunda maneira de ver o mundo. Nossos cérebros constroem matematicamente a realidade objetiva, interpretando frequências que são, em última análise, projeções de outra dimensão, uma ordem mais profunda de existência além do espaço e do tempo: o cérebro é um holograma escondido em um universo holográfico.
>
> Pribram argumenta que essa síntese o conscientizou de que o mundo objetivo não existe, ou pelo menos não no sentido em que estamos acostumados a acreditar. O que existe "lá fora" é um vasto oceano de ondas e frequências e a realidade só nos parece concreta porque nossos cérebros são capazes de transformar essa forma holográfica difusa nos elementos básicos e objetos familiares que compõem nosso mundo. (...)
>
> Temos dois aspectos muito diferentes da realidade. Podemos nos ver como corpos materiais movendo-se pelo espaço, ou podemos nos ver como uma imagem indistinta de padrões de interferência escondidos em todo o holograma cósmico. Bohm acredita que esse segundo ponto de vista pode até ser o mais correto, porque pensar em nós mesmos como um cérebro-mente holográfico observando um universo holográfico é novamente uma abstração, uma tentativa de separar duas coisas que são fundamentalmente insuperáveis".

A realidade não existe?

Combinando o modelo holográfico do cérebro de Pribram com a teoria do holomovimento de Bohm, obtém-se um resultado surpreendente. Se a realidade, na concretude que percebemos, é ilusão, e tudo o que existe não passa de uma massa de frequências e energias vibrantes, o que resta? Se o cérebro nada mais é do que um holograma que decodifica as frequências recebidas, transformando-as em percepções sensoriais, a realidade objetiva realmente existe?

A resposta deveria ser: não, a "realidade objetiva" não existe, atestando assim o que sempre foi sustentado pelas filosofias orientais, segundo as quais o mundo é apenas uma ilusão.

Não só isso: com esta resposta também reabilitamos as teorias, muito apressadamente ridicularizadas, de muitos filósofos ocidentais, como George Berkeley, segundo as quais todos os objetos que acreditamos existir não têm corpo, são apenas ideias que nossos sentidos transmitem ao cérebro em que se configuram e recobrem uma falsa impressão de materialidade.

O paradigma holográfico de Pribram e o holomovimento de Bohm levam a conclusões que muitos contestam, mas muitos outros acreditam ser a descrição mais precisa da realidade possível até hoje.

Onde estamos indo.

"Você tem que entender a vida inteira, não apenas uma parte dela. É por isso que você tem que ler, é por isso que você tem que olhar para os céus, é por isso que você tem que cantar e dançar, e escrever poesia, e sofrer e entender, porque tudo isso é vida."
(Jiddu Krishnamurti)

Estamos vivendo em uma era privilegiada em que uma sincronicidade de dimensões cósmicas está nos guiando para objetivos insuspeitados. Uma vez que os alcancemos, acontecerá que espírito e matéria, finalmente revestidos da mesma dignidade, poderão envolver toda a humanidade em conhecimentos e possibilidades que hoje ainda parecem incompreensíveis e inatingíveis. Essa sincronicidade está nos guiando na transição entre a idade da matéria cinzenta e a do espírito luminoso.

Um primeiro passo importante já foi alcançado com a derrota do materialismo, apesar de ainda hoje existirem lugares, entidades e pessoas que não renunciam a colocá-lo como pressuposto primordial de seu exercício intelectual, provavelmente para proteger posições de privilégio ou interesse.

A essa altura, as teorias materialistas estão totalmente ultrapassadas nos campos científicos mais avançados, a ponto de nos perguntarmos se aquelas "máquinas montadas aleatoriamente", como pensávamos que éramos, não possuem uma consciência capaz de modelar o universo que as contém.

Nesse contexto, uma questão que, até o século passado, estava confinada ao nebuloso reino da metafísica, torna-se extremamente atual e começa a assombrar as mentes dos cientistas mais esclarecidos: criamos nossa realidade?

O estudo da alma torna-se parte da física.

Até o século passado, todo discurso sobre a existência da alma estava confinado à esfera teológica ou filosófica. Agora, surpreendentemente, a questão tornou-se parte da agenda da física teórica, firmemente colocada no topo da lista de tópicos não resolvidos, mas dignos de aprofundamento.

Em particular, o físico Henry Pierce Stapp está realizando estudos declamados com alguma ênfase na web através de títulos semelhantes a este: "Henry Stapp quer provar a existência da alma" (Henry Stapp quer provar a existência da alma). Na verdade, Stapp não quer tanto demonstrar a existência da alma, mas que ela, entendida como a consciência do ser vivo, não pode ser ignorada e deve se tornar uma variável ativa e influente nas equações e fórmulas destinadas a descrever o funcionamento do universo.

Stapp nasceu em 1928 em Cleveland, Ohio, EUA. Ele obteve seu doutorado em física de partículas sob a supervisão dos ganhadores do Prêmio Nobel Emilio Segrè e Owen Chamberlain na Universidade da Califórnia, Berkeley. Ele é conhecido por seus trabalhos em mecânica quântica, em particular pelo desenvolvimento da teoria axiomática da matriz S; ele publicou, entre outros, muitos artigos relacionados aos aspectos não-locais da mecânica quântica e ao teorema de Bell.

Em 1958 foi convidado por Wolfgang Pauli para a ETH Zurique para trabalhar com ele pessoalmente em problemas básicos da mecânica quântica. Desde 1969 é colaborador direto de Werner Heisenberg no Instituto Max Planck em Munique e desde 1976 trabalha com John Wheeler. É uma carreira acadêmica sempre realizada nos mais altos níveis.

Henrique Stap. Teoria quântica e livre arbítrio.

Em 2017 Stapp publicou o livro "Teoria Quântica e Livre Arbítrio. Como as intenções mentais se traduzem em ações corporais".

Este livro explica, em termos simples, mas precisos, como funciona a mecânica quântica ortodoxa e mostra como essa teoria, interpretada de forma realista, atribui um papel importante às nossas escolhas conscientes e livres. Stapp parte do princípio de que a biologia tradicional e a neurociência ainda apoiam preceitos clássicos essencialmente fracassados, segundo os quais as intenções mentais não afetam o comportamento da matéria. Mostra como a mecânica quântica fornece uma base racional para uma melhor compreensão das conexões entre consciência e comportamento, permitindo também uma explicação de certos fenômenos atualmente considerados "paranormais". Essas ideias têm implicações importantes para a compreensão de nós mesmos e de nossos processos mentais e, portanto, também para o significado de nossas vidas.

No livro, Stapp aborda uma das questões mais espinhosas de todos os tempos, a do livre-arbítrio. É um conceito que a "Enciclopédia Treccani" define da seguinte forma:

> Livre arbítrio. Expressão utilizada para indicar a liberdade do homem, cujos atos não são determinados por forças superiores (sobrenaturais ou naturais), mas derivam de suas escolhas autônomas.
>
> A expressão nasceu no terreno das discussões teológicas cristãs, em relação à reconciliação entre onipotência e onisciência divina e liberdade humana. Apoiar a tese do livre arbítrio com particular cordialidade foram sobretudo os protagonistas do Humanismo e do Renascimento.

Do ponto de vista religioso é muito difícil conciliar o livre arbítrio com a ideia de um Deus onisciente: se Deus já conhece o futuro e, portanto, sabe como o homem vai agir, o homem pode se considerar livre para fazer escolhas?

Deixemos a religião de lado por um momento, pois é um conceito pessoal e não objetivo e que até mesmo crentes de diferentes religiões muitas vezes discordam sobre isso.

A ciência, como sabemos, procede com seus métodos que podemos definir objetivos: realiza experimentos, dos quais tira conclusões concretas. Se os resultados experimentais confirmarem de forma conclusiva a hipótese, isso se torna uma lei física, caso contrário o julgamento pode ser negado ou suspenso.

No caso do livre-arbítrio, ninguém jamais foi capaz de afirmar que é uma lei válida. De fato, nunca foi possível demonstrar que, ao examinar uma determinada situação várias vezes, ela sempre dá o mesmo resultado.

A partir dessa base científica podemos formular um raciocínio mais amplo, ligado à certeza de que o homem é feito de átomos e partículas.

Sabemos que os átomos estão em constante agitação e sabemos que, como parte desse movimento, eles tendem a se agregar a outros átomos. Mas uma coisa não sabemos: por que os átomos se atraem e se agregam? De acordo com que impulso três átomos (dois de hidrogênio e um de oxigênio) se unem para formar uma molécula de água? Existe uma "consciência" que os leve a realizar esta forma de agregação extremamente útil, ao invés de muitas outras possíveis?

Na verdade, o átomo não deveria ter consciência, então não deveria ser capaz de decidir "conscientemente" que tipo de agregação fazer. Além disso, nem mesmo a molécula de água pode ser definida como consciente. Mas os átomos também podem se agregar de maneira mais complexa, por exemplo, para formar um ser biologicamente "vivo", ou seja, certamente dotado de consciência, ou pelo menos de instinto. Milagrosamente, da agregação de bilhões de átomos sem consciência, nascem os seres dotados de consciência.

Porque? É um verdadeiro quebra-cabeça. Qual pode ser a solução? Ou os átomos, ao contrário das aparências, possuem uma consciência, ou são guiados por uma consciência externa a eles: em todo caso, no processo agregativo deve existir uma "consciência piloto".

Do ponto de vista religioso, pode-se dizer que tudo é pré-ordenado por Deus; a consciência de onde vêm todas as consciências e todos os comportamentos conscientes é a de Deus.

No entanto, a ciência não se rende a esses raciocínios metafísicos e continua seu trabalho para descobrir quais são os mecanismos que regem o funcionamento agregativo da matéria.

Compreender como e por que os átomos se agregam significaria descobrir como são criadas as consciências dos seres vivos, em primeiro lugar a do homem, e concluir-se-ia que a formação da consciência se dá a partir de um processo claramente definível, se possível transferível em uma fórmula. Nesse caso, a formação da consciência seria parte de um processo previsível e replicável. Isso estabeleceria a existência de consciências "padrão" e ficaria claro de uma vez por todas que o livre arbítrio não existe.

A física quântica desenvolve uma visão totalmente diferente, que Stapp investiga em seu livro. Não podemos observar uma partícula estabelecendo sua posição e velocidade, ou melhor, só podemos fazê-lo de forma probabilística. Repetindo a medição várias vezes com os mesmos dados, encontramos a partícula em vários lugares diferentes. Não só isso: observando a partícula, colapsamos a função de onda que a contém, então decidimos onde ela deve ser encontrada.

De fato, a partícula fica suspensa em uma condição nebulosa até que, simplesmente por observá-la, ou seja, olhando para ela, decidamos nós mesmos onde colocá-la.

Isso tem consequências éticas e filosóficas imensuráveis. Se decidirmos, observando-as, onde colocar as partículas, ou seja, se cabe a nós escolher as características da matéria, significa que existe livre arbítrio. Não somos mais máquinas dominadas pela matéria, mas seres capazes de dominar a matéria com nossa vontade.

Em uma de suas muitas entrevistas, Henry Stapp se expressa da seguinte forma sobre sua teoria quântica da consciência:

> É importante para nós, como indivíduos e coletivamente, corrigir a noção atualmente difundida de que a ciência prova que somos autômatos mecânicos. Esta ideia é baseada na mecânica clássica, agora empiricamente invalidada. Sua sucessora, a mecânica quântica, nos representa como seres psicofísicos cujas intenções conscientes não são determinadas pelos aspectos físicos da Natureza, mas que, no entanto, influenciam causalmente (elas são a causa, ed.) O curso dos eventos físicos.
>
> A pergunta que surge imediatamente é esta: "Qual é a conexão entre nossas experiências conscientes e o mundo descrito fisicamente?".
>
> As teorias físicas clássicas predominantes na ciência durante os séculos XVIII e XIX afirmavam que qualquer propriedade física é predeter-

> minada apenas por propriedades físicas anteriores, sem "entrada" adicional da consciência. Essa afirmação, se verdadeira, implicaria que nossas vidas não têm sentido; isso reduziria cada um de nós a um autômato mecânico substancialmente irracional, incapaz de influenciar o curso de eventos físicos futuros, seja para nosso próprio benefício ou para o benefício de qualquer outra pessoa.
>
> Hoje sabe-se que as técnicas físicas clássicas são fundamentalmente falsas. Eles foram substituídos pela mecânica quântica. Nessa teoria, nossas "escolhas livres" conscientes desempenham um papel dinâmico essencial na determinação do futuro. Essas escolhas são chamadas de "livres" porque não estão vinculadas a nenhuma outra característica da teoria, estatística ou não."

A energia do Espírito.

Nossa capacidade de observar partículas elementares determina a realidade do que observamos e, portanto, atesta nosso livre arbítrio. Mas então, podemos nos perguntar: quem é que observa nossas partículas para determinar que elas devem formar exatamente nosso corpo e, portanto, nossa consciência? Nós, por quem somos observados?

Existe um observador que nos determina? Ou: existe um jogo em que somos observadores e observados, criaturas e criadores? Quem está dirigindo este jogo? Ou talvez o jogo venha de uma "abertura" que vê jogadores e árbitros desde o início?

Talvez a realidade seja um gigantesco Ouroboros, o dragão mítico que morde a própria cauda, formando um círculo sem começo nem fim?

Aparentemente imóvel, mas em eterno movimento, o ouroboros representa o poder que se devora e se regenera, a energia universal que é constantemente consumida e renovada. Portanto, simboliza a unidade e totalidade do todo, infinito, eternidade, tempo cíclico, eterno retorno, imortalidade e perfeição.

É curioso notar como este símbolo está presente numa surpreendente multiplicidade de tradições místicas e filosóficas de todos os tempos e lugares.

O fato de que toda matéria toma forma a partir da observação contém uma necessidade imperativa: precisamos ser observados.

O lema de George Berkeley é esclarecedor novamente: "Esse est percipi" (Ser significa ser percebido).

Nesta perspectiva, tornam-se compreensíveis também as palavras do salmista, que se dirige a Deus agradecendo-lhe por ter sido olhado, aliás, por não poder escapar ao seu olhar. Não só isso: reconhecendo que Deus o olhava desde que se formou no ventre de sua mãe, ele admite que aquele olhar o tornou perfeito "como um prodígio".

Provavelmente, David Bohm quando criança, como filho do assistente de um rabino, teria orado muitas vezes com as palavras do Salmo 138, especialmente porque o autor, o rei Davi, levava seu nome:

"Senhor, você me examina e me conhece,
você sabe quando eu sento e quando eu me levanto.
Penetrar meus pensamentos de longe,
você me examina quando ando e quando descanso.
Onde se afastar do seu espírito,
onde escapar de sua presença?
Ainda sem forma, seus olhos me viram."

Nos últimos anos de sua vida Bohm ficou fascinado pelas teorias do filósofo Jiddu Krishnamurti, nascido na Índia em 1895. Estabeleceu com ele uma parceria cultural e espiritual, tanto que escreveram juntos o livro "Onde o tempo termina.

No decorrer dessa amizade, Bohm se aproximou muito do misticismo oriental e transformou seu desejo juvenil de construir uma sociedade mais justa (que havia sido estragada pelo materialismo soviético) em uma aspiração que tende para o mesmo objetivo, mas pelo caminho do crescimento espiritual.

Provavelmente no contexto dessa parceria cultural e espiritual ele elaborou o pensamento expresso nesta citação retirada do livro "Bohm. A física do infinito "por Massimo Teodorani:

> "O campo do finito é tudo o que podemos ver, ouvir, tocar, lembrar e descrever. Este campo é basicamente o que é manifesto ou tangível. A qualidade essencial do infinito, do contraste, é sua elusividade, sua intangibilidade. Essa qualidade é transmitida na palavra Espírito, cujo significado original é "vento, sopro".
>
> Isso sugere a existência de uma energia invisível, mas penetrante, à qual o mundo manifesto do finito responde. Essa energia, ou Espírito, permeia todos os seres vivos, e sem ela todo organismo se decompõe em seus elementos constituintes. O que está realmente vivo no vivente é essa energia do Espírito, e ela nunca nasceu e nunca morrerá".

Bohm estava se referindo ao espírito entendido como a Alma do mundo, uma ordem super-implicada subjacente e vivificante de toda implicação e explicação subsequente, colocada no nível da suprema liberdade e, como tal, livre de qualquer conotação filosófica ou dogmática.

Influenciado, mas não condicionado pela marca bíblica que recebeu em sua juventude, Bohm teria imaginado o espírito como símbolo de grande liberdade, conforme descrito no Gênesis: "A terra era informe e deserta e as trevas cobriam o abismo e o espírito de Deus pairava sobre as águas".

Como demonstrado em sua vida, Bohm considerava a liberdade um grande bem e aspirava conquistá-la em seu absolutismo para poder compartilhá-la. Ele morreu de um ataque cardíaco em 27 de outubro de 1992, em Londres, deixando um grande vazio na comunidade científica e um enorme legado de ideias esperando para serem desenvolvidas tanto cientificamente quanto filosoficamente.

Bibliografia

Amir Dan Aczel, Entanglement. Il più grande mistero della fisica. Raffaello Cortina Editore.

Barbour Julian, La fine del tempo. Einaudi.

Barrow John David, Da zero a infinito. La grande storia del nulla. Oscar Mondadori.

Barrow John David, I numeri dell'universo, Oscar Mondadori

Barrow John David, Perché il mondo è matematico? Laterza

Barrow John David, Tipler Frank, Il principio antropico. Adelphi.

Beitman Bernard, I messaggi delle coincidenze. Sperling & Kupfer.

Cambray Joseph, Sincronicità. Natura e psiche in un universo interconnesso. Edizioni Fattore Umano

Cantalupi Tiziano, Santarcangelo Donato, Psiche e realtà. Tecniche Nuove.

Capra Fritjof, Il Tao della fisica. Adelphi.

Cederquist John, Le coincidenze non esistono. Rizzoli.

Cesati Cassin Marco, Non siamo qui per caso. Il potere delle coincidenze. Sperling & Kupfer.

Chandrasekhar Subrahmanyan, Verità e bellezza. Le ragioni dell'estetica nella scienza. Garzanti

Chinnici Giorgio, Guarda caso. I meccanismi segreti del mondo quantistico, Hoepli

Chopra Deepak, Le coincidenze. Sperling & Kupfer.

Ford Kenneth, Il mondo dei quanti. La fisica quantistica per tutti. Bollati Boringhieri.
Gamow George, Le avventure di mr. Tompkins. Edizioni Dedalo
Gamow George, Nuovo Mondo di mr. Tompkins. Zanichelli
Goswami Arneb, Guida quantica all'illuminazione. Edizioni Mediterranee
Greene Brian, La trama del cosmo. Spazio, tempo, realtà. Einaudi.
Greene Brian, La realtà nascosta – universi paralleli e leggi profonde del cosmo. Einaudi
Greene Brian, L' universo elegante. Superstringhe, dimensioni nascoste e la ricerca della teoria ultima. Einaudi.
Hawking Stephen, L'universo in un guscio di noce. Oscar Saggi Mondadori.
Hawking Stephen, La teoria del tutto. Origine e destino dell'universo. Mondadori. +
Hawking Stephen, La grande storia del tempo. Mondadori
Hawking Stephen, Dal Big Bang ai buchi neri. Breve storia dell'universo. Mondadori
Hawking Stephen, Mlodinov Leonard, Il grande disegno. Mondadori.
Heckler, Richard, Coincidenze. Lyra Libri.
Hopke Robert, Nulla succede per caso. Oscar Mondadori
Joseph Frank, Il potere delle coincidenze. Il punto d'incontro.
Jung Carl, L'analisi dei sogni. Gli archetipi dell'inconscio. La sincronicità. Bollati Boringhieri.
Jung Carl, Ricordi, sogni, riflessioni. Rizzoli

Kane Gordon, Il giardino delle particelle elementari. Longanesi
Kumar Manjit, Quantum. Da Einstein a Bohr, la teoria dei quanti, una nuova idea della realtà. Mondadori.
Kung Hans, Cristianesimo e religiosità cinese. Arnoldo Mondadori editore.
Lederman Leon, Hill Christopher, Fisica quantistica per poeti, Bollati Boringhieri.
Licata Ignazio, Osservando la Sfinge. Di Renzo Editore.
Motterlini Matteo, Trappole mentali. Rizzoli
Peat David, Sincronicità. Un connubio tra materia e psiche. Edizioni Magi
Popper Karl, L'Io e il suo cervello. Armando Editore.
Radin Dean, Menti interconnesse. I fenomeni psichici spiegati dalla fisica quantistica. Edizioni Mediterranee.
Rhine Louisa, Psicocinesi. La mente domina la materia. Golem Libri.
Schumacher Ernst, Una guida per i perplessi, Edizioni Piano B.
Sheldrake Rupert, Le illusioni della scienza. Urra.
Sheldrake Rupert, La mente estesa. Urra.
Smith Michael, Jung e lo sciamanesimo. Edizioni Amrita
Sparzani e Panepucci. (curatori)**,** Jung e Pauli. Il carteggio originale: l'incontro tra Psiche e Materia. Moretti & Vitali.
Stapp Henry, Quantum Theory and Free Will. Springer International Publishing.
Tagliagambe Silvano e Malinconico Angelo, Pauli e Jung. Un confronto su materia e psiche. Raffaello Cortina Editore.
Tagliagambe Silvano e Malinconico Angelo, Jung e il libro rosso: il Sé e il sacrificio dell'Io. Moretti & Vitali.

Talbot Michael, Tutto è uno. Feltrinelli
Teodorani Massimo, Bohm. La fisica dell'infinito. Macro Edizioni
Teodorani Massimo, La mente creatrice. Dall'universo fisico alla vita intelligente. Macro Edizioni.
Teodorani Massimo, Entanglement. L'intreccio nel mondo quantistico: dalle particelle alla coscienza. Macro Edizioni.
Teodorani Massimo, Sincronicità. Il legame tra fisica e psiche. Da Pauli a Jung a Chopra. Macro Edizioni.
Teodorani Massimo, L'atomo e le particelle elementari. Macro Edizioni
Tipler Frank, The physics of immortality. Doubleday.
White John, L'incontro tra scienza e spirito. Pratiche Editrice.
Widmann Claudio, Sincronicità e coincidenze significative. Edizioni Magi.
Widmann Claudio, Introduzione alla sincronicità. Edizioni Magi.

Bruno Del Medico, blogueiro, escritor, editor, especializado na divulgação de temas relacionados a atualidades sociais e as novas fronteiras da ciência. É autor de muitos livros sobre a recente pandemia e de ensaios sobre física quântica e metafísica..

www.ingramcontent.com/pod-product-compliance
Lightning Source LLC
LaVergne TN
LVHW090229051026
849517LV00001B/238